Désiré Roulin

Les Pluies de Crapauds

Essai

Le code de la propriété intellectuelle du 1er juillet 1992 interdit en effet expressément la photocopie à usage collectif sans autorisation des ayants droit. Or, cette pratique s'est généralisée dans les établissements d'enseignement supérieur, provoquant une baisse brutale des achats de livres et de revues, au point que la possibilité même pour les auteurs de créer des œuvres nouvelles et de les faire éditer correctement est aujourd'hui menacée. En application de la loi du 11 mars 1957, il est interdit de reproduire intégralement ou partiellement le présent ouvrage, sur quelque support que ce soit, sans autorisation de l'Éditeur ou du Centre Français d'Exploitation du Droit de Copie, 20, rue Grands Augustins, 75006 Paris.

ISBN : 978-1977922885

10 9 8 7 6 5 4 3 2 1

Désiré Roulin

Les Pluies de Crapauds

Essai

Table de Matières

Les Pluies de Crapauds   **6**

Notes   **60**

Les Pluies de Crapauds

Quelque étrange que soit un phénomène, quelque inexplicable qu'il puisse paraître, la science aujourd'hui ne se refuse point à l'admettre, pourvu qu'elle ait les moyens d'en constater la réalité. S'il revient à des temps et en des lieux déterminés, il trouvera les observateurs prêts à en étudier les diverses circonstances, et bientôt prendra place parmi les faits positifs ; mais si ses retours, fussent-ils même très fréquents, n'ont rien de régulier, il faudra, pour qu'il soit admis, que le hasard vienne l'offrir à l'examen de quelqu'un de ces hommes dont le nom fait autorité, ou qu'une circonstance imprévue oblige les savants à prendre en considération des témoignages qu'ils avaient jusque-là jugés peu dignes de confiance. Une fois cependant qu'on en sera venu à reconnaître l'exactitude d'un dernier fait, on verra surgir de tous côtés des faits semblables, et de proche en proche, de récits en récits, on remontera souvent jusqu'aux limites extrêmes des temps historiques.

C'est ce qui est arrivé au commencement du siècle pour le phénomène si longtemps contesté de la chute des pierres météoriques, et c'est ce qui arrive aujourd'hui pour le fait tout aussi étrange des pluies de crapauds.

Ces tardives reconnaissances de vérités depuis longtemps annoncées sont un sujet de triomphe pour certaines gens qui parlent sans cesse de la vanité des sciences, et qui au reste ne réussissent guère à mettre en évidence que la vanité du bel esprit. — Vous seriez, messieurs, leur pourrait-on répondre, bien fondés à railler les savants de leur incrédulité, si vous aviez pris la peine de réunir les documents propres à entraîner leur conviction ; mais ce n'est pas à vous, c'est à des physiciens qu'est venue l'idée de faire un relevé des chutes de pierres signalées par les auteurs anciens et modernes. Vous connaissiez peut-être un grand nombre des passages qu'ils citent ; mais vous y avez seulement trouvé matière à réflexions sur l'*incertitude des témoignages humains*, et vous ne soupçonniez guère alors qu'il pût y avoir quelque intérêt à faire un recueil de tous ces *contes bleus*. — La vérité est que, jusqu'à ce que la réalité du phénomène fût, sinon établie, du moins bien près de l'être, l'utilité d'un pareil travail ne pouvait être généralement sentie. La longue liste d'aérolithes donnée par Zahn dans un ouvrage publié en 1696 passa presque inaperçue ; celle de Chladny au contraire fixa l'attention, parce qu'elle vint en temps opportun, c'est-à-dire lorsqu'on avait pour la solution de la question un élément nouveau plus important encore que l'élément historique, lorsqu'on en était venu à pouvoir interroger la pierre elle-même, et à distinguer en elle des traits qui décelaient une origine étrangère à notre globe.

Jusque-là, on doit le reconnaître, il n'y avait guère plus de raison pour s'arrêter, dans telle phrase de Tite-Live, au premier membre qui rappelait la chute d'une pierre tombée du ciel, qu'au second qui annonçait que sous le même consul un bœuf avait parlé. Mais, direz-vous, la chute des pierres est un événement qui se répétait si souvent ; il en est question en tant d'endroits... Hé ! croyez-vous qu'on n'ait prétendu qu'une seule fois qu'un bœuf avait parlé ? Pline dit expressément (livre VIII, chapitre 45) que, parmi les prodiges dont on conservait la mémoire, celui-là était des plus fréquents. Il y avait des règles tracées pour la conduite qu'on devait tenir en pareille occasion, et, par exemple, la coutume était que le sénat s'assemblât en plein air chaque fois que l'annonce d'un événement de ce genre lui était transmise.

Je ne prétends pas que le scepticisme des savants n'ait été quelquefois poussé beaucoup trop loin ; mais je crois que c'est un inconvénient auquel il faut savoir se résigner, parce qu'il est en quelque sorte inséparable de la marche qu'on suit aujourd'hui dans l'étude de la nature, marche qui toute lente qu'elle puisse paraître, a fait faire d'immenses pas aux connaissances humaines.

A tout prendre, il vaut mieux qu'il y ait retard que précipitation dans l'admission d'une vérité quelconque ; c'est ce dont chacun pourra se convaincre en y réfléchissant un peu.

Aujourd'hui, en effet, il n'y a pas une seule branche des sciences naturelles dans laquelle le nombre des faits admis ne soit si grand, qu'il est presque impossible à un seul homme de les vérifier tous par lui-même. Il faut donc, pour qu'il puisse s'avancer sans crainte à la recherche des vérités nouvelles, qu'il sache bien qu'aucune de celles qu'il laisse derrière lui n'a été reçue sans un scrupuleux examen.

Depuis le rapport de M. Biot sur les pierres tombées en 1803 dans les environs de Laigle, la réalité du phénomène a cessé, du moins en France, d'être un objet de discussion. La sagacité, la sagesse avec laquelle toute cette enquête fut conduite, la lucidité de l'exposition, l'enchaînement parfait des preuves ne pouvaient manquer de porter la conviction, même dans les esprits les plus prévenus ; cependant on peut remarquer, sans que cela diminue en rien le mérite de l'auteur du rapport, que les voies étaient déjà plus qu'à demi préparées pour la réception de cette vérité. On avait eu d'abord, non-seulement les détails donnés par l'abbé Bachelay sur une pierre tombée en 1768, et relevée encore toute chaude, mais surtout l'examen chimique qui en avait été fait par plusieurs membres de l'Académie sous la direction de Lavoisier, examen qui conduisit à ce résultat important, que, sous le rapport de la composition, cette pierre offrait la plus grande analogie avec une autre qu'on disait être également tombée du ciel aux environs de Coutances.

Bientôt on eut le récit très détaillé et parfaitement authentique d'une pluie de pierres survenue en 1790 à Barbotan. En 1794, Southey fit connaître la relation juridique d'un événement semblable survenu en Portugal ; et la même année, pareille chose étant arrivée au mois de juillet dans les environs de Sienne, Hamilton, comte de Bristol, en fit le sujet d'une lettre à la Société royale de Londres. D'autres détails également circonstanciés furent donnés par M. J. Lloyd Williams sur l'explosion d'un météore observée à Bénarès, et sur la chute de pierres qui l'avait accompagnée. Puis on eut les observations de Chladny sur les masses de fer natif trouvées en Sibérie, sur l'explosion des bolides et sur les corps durs tombés de l'atmosphère. Enfin, tous ces documents furent repris et discutés en Angleterre par M. Howard, et quoique ce savant n'exprimât qu'avec le ton du doute les déductions auxquelles il se trouvait conduit, on put dès ce moment regarder comme infiniment probable que les masses de fer natif trouvées en plusieurs lieux à la surface du sol, et les pierres nommées communément pierres de foudre, étaient, ainsi que l'avait déjà annoncé Chladny, le résultat de l'explosion des bolides, qu'elles étaient réellement tombées de l'atmosphère.

Il s'en fallait de beaucoup que la question des pluies de crapauds fût aussi avancée, lorsque le hasard la fit, il y a quelques mois, agiter au sein de l'Académie des sciences ; quoique les documents ne manquassent pas, personne encore n'avait pris soin de les réunir, n'avait songé à les discuter. A la vérité, Cardan et quelques autres esprits aventureux avaient touché ce point, mais c'était seulement en passant, ce trait ne leur offrant rien de plus étrange que presque tous ceux dont se composait alors l'histoire des batraciens. Cardan toutefois, comme nous le verrons bientôt, se faisait une assez juste idée de la cause du phénomène. S'il eut le tort de ne pas commencer par bien constater le fait avant d'en proposer l'explication, ce tort était celui de presque tous les savants du même siècle. La fameuse discussion à l'occasion de la dent d'or s'éleva vingt ans après sa mort, et la découverte de la mystification dont tant d'habiles gens avaient été dupes ne corrigea personne Il fallut que Galilée, et non Bacon, comme on le répète sans cesse, vînt opérer cette grande conversion en prêchant à la fois d'exemple et de précepte.

Plusieurs des données à l'aide desquelles on est parvenu à établir la réalité du phénomène dans le cas des aérolithes manquent tout-à-fait dans l'autre cas. Dans le premier, on aura pu, à dix lieues du théâtre de l'événement, apercevoir la lumière qui précède l'explosion, entendre le bruit qui l'accompagne ; dans l'autre, il faudra être sur le lieu même, et les personnes situées à quelques toises seulement du champ qui reçoit cette pluie d'êtres vivants, n'en seront averties par aucun signe. — Une pierre en tombant fait son trou dans la terre ; un petit crapaud long de quelques lignes ne laisse sur la poussière qu'une empreinte à peine sensible, et que le premier souffle de vent va effacer. — La pierre reste au lieu où elle est tombée ; le crapaud n'a rien de plus pressé que de s'enfuir. — En quelque lieu qu'on la rencontre, la pierre tombée du ciel a des caractères qui la séparent des pierres d'origine terrestre ; le crapaud, une fois arrivé au terme de son voyage aérien, n'offre aucun signe auquel on puisse le distinguer de ceux qui n'ont jamais quitté le marais. Bref, on en est réduit à de simples témoignages, mais ou sent qu'il serait tout aussi peu philosophique de rejeter ce genre de preuves pour un cas qui n'en admet pas d'autres que de s'en contenter toutes les fois que le fait, pouvant être reproduit à volonté, offre un moyen plus direct et plus sûr de vérification.

Avant d'examiner en détail les témoignages relatifs aux pluies de crapauds, nous devons faire remarquer qu'il y avait des raisons toutes particulières pour n'admettre qu'avec une extrême réserve ce qu'on rapportait de singulier relativement à ces animaux. Leur histoire, en effet, se trouvait, à l'époque de la renaissance des sciences naturelles, surchargée de tant de fables, qu'il était presque impossible de faire le triage du faux et du vrai, et que le plus court parti à prendre était de regarder comme non avenu tout ce qui s'était dit jusque-là. On recommença donc courageusement sur nouveaux frais, et l'on ne voulut rien recevoir que de l'observation ; aujourd'hui on peut demander quelque chose à la critique, et en lui donnant pour base les travaux des modernes, l'élever vers les récits des anciens, afin de voir s'il se trouve quelque chose de vrai, même dans ce que nous aurions d'abord jugé invraisemblable.

Quand on est arrivé à réunir sur quoi que ce soit des notions positives, c'est toujours une chose curieuse que de reporter ses yeux en arrière et de comparer ce qu'on sait avec ce qu'on a cru. Presque toujours on reconnaît que les assertions les plus absurdes reposent sur des observations réelles, mais observations incomplètes, mal comprises, mal expliquées ; il y a souvent exagération, rarement mensonge prémédité.

Non est de nihilo quod publica fama susurrat,
Et partem veri fabula semper habet.

Je n'ai ni la prétention de connaître tout ce qu'on a débité de merveilleux sur les crapauds, ni l'intention de reproduire ici tout ce que j'en ai appris ; mais ce que je dirai suffira, je pense, pour justifier la réserve des naturalistes modernes, en même temps que ce que je citerai d'étrange et de bien constaté pourtant, dans l'histoire de ces reptiles, excusera jusqu'à un certain point la crédulité des naturalistes anciens.

Les animaux, qui pour les zoologistes forment le sous-ordre des batraciens anoures, ont entre eux des traits de ressemblance si nombreux et si manifestes, que le peuple, bien longtemps avant les savants, avait pour eux des noms collectifs ; tels étaient ceux de *batrachos* chez les Grecs, de *rana* chez les Latins. Chez nous, il n'y a pas dans le langage vulgaire de mot qui corresponde exactement à ces deux-là, et dont l'acception soit aussi générale ; le peuple, tout en reconnaissant l'étroite parenté des espèces qu'il a occasion d'observer, les nomme crapauds si elles rampent, grenouilles si elles sautent, et rainettes si elles habitent les arbres. Outre ces différences dans les habitudes, il en reconnaît de correspondantes dans l'organisation : ainsi il assigne pour caractères physiques à la première tribu une peau rugueuse, un gros ventre et des pattes courtes ; à la seconde une ceinture déliée, des jambes allongées et des pieds palmés ; à la troisième des doigts terminés par des pelottes au moyen desquelles l'animal adhère à la surface lisse des feuilles. Dans la nature les caractères ne sont pas aussi nettement tranchés, et la division en trois groupes est réellement insuffisante, surtout quand on ne se borne plus à considérer les espèces de nos pays ; cependant elle repose sur un sentiment assez juste des rapports, et si les anciens en avaient fait usage, nous aurions bien souvent moins de peine à les comprendre.

A la vérité, les noms de *phryné* chez les Grecs, et de *rubeta* chez les Latins, désignent habituellement quelque espèce de crapauds ; mais il n'est pas rare de les voir employés lorsqu'il s'agit de la grenouille rousse. Il en est de même des deux mots *physale* et *bufo* [1] ; ces mots qui expriment l'un et l'autre la propriété qu'ont certains batraciens de s'enfler quand on les attaque, conviennent plus particulièrement aux crapauds, et cependant ils s'appliquent assez souvent à des grenouilles, à cause de l'habitude qu'ont les mâles, lorsqu'ils croassent, de faire sortir de chaque côté du cou une vessie gonflée d'air.

Le nom de calamité s'applique tantôt au crapaud des joncs pour lequel il a dû être inventé, tantôt à la grenouille verte, et quelquefois aussi à la rainette vulgaire. Pline le donne comme synonyme de *diopètes*. Cependant ce dernier mot, qui signifie *tombée du ciel*, n'indique ni une espèce ni un genre, et rappelle seulement une origine.

Les anciens, en effet, distinguaient par leur origine des batraciens de trois sortes : les uns provenant de parents semblables à eux-mêmes, d'autres naissant de la corruption et se formant de toutes pièces dans les marais lorsque le soleil du printemps en met la fange en fermentation, d'autres enfin tombant du ciel sur terre, ou naissant subitement sur la poussière des chemins, sous l'influence vivifiante d'une pluie d'été. Les premiers, disaient-ils, perpétuent leur race par les moyens ordinaires ; ils vivent plusieurs années, et à l'approche de l'hiver, ils vont chercher dans des trous profonds un asile contre le froid. Les autres ne durent qu'une saison, et à la fin de l'automne, ils se résolvent en limon pour renaître six mois plus tard. Les derniers enfin ont une existence plus courte encore et qui ne s'étend guère au-delà d'un jour.

Il n'y a aucune réflexion à faire relativement au premier mode de génération, et quant au second, il suffit de rappeler que jusque vers la fin du XVIIIe siècle, il était généralement admis, non-seulement pour le plus grand nombre des insectes, mais encore pour plusieurs petits mammifères. Depuis qu'il a été démontré que, dans la plupart des cas où l'on avait cru voir des animaux naissant de la corruption, il y avait réellement une filiation à la manière ordinaire, on n'a plus voulu admettre, pour aucun cas, de génération spontanée ; peut-être a-t-on raison, mais toujours est-il vrai que jusqu'à présent on n'est point parvenu à se rendre raison de l'apparition de certains animaux, notamment de celle de presque tous les vers intestinaux.

Pour ce qui est de la troisième origine, je dois dire qu'elle n'était pas admise par tous les anciens, et ainsi, un naturaliste de l'école observatrice, un disciple d'Aristote, Théophraste, croit qu'on s'était fait illusion sur ce point et montre d'où avait pu venir l'erreur. Son maître, je le pense, n'eût pas tranche ainsi la question, et de ce qu'on avait pu se tromper quelquefois, ils n'eût pas conclu qu'on avait dû se tromper toujours. Il est arrivé une fois à un physicien de prendre pour un aérolithe une pierre lancée sans doute de la rue par-dessus les murs de sa cour. On conçoit que si un homme véritablement instruit n'a pas été à l'abri de cette méprise, bien des gens en pourront commettre de semblables ; mais quand on leur aura prouvé à tous qu'ils ont mal vu, on ne sera pas pour cela fondé à soutenir qu'il ne tombe jamais de pierres du ciel.

Les chutes de pierres ont été plus souvent observées que les pluies de grenouilles, et mentionnées plus anciennement ; cependant ces dernières sont indiquées par divers écrivains grecs et latins. Pline n'en parle pas, il est vrai, ce qui est assez étrange de la part d'un auteur aussi ami du merveilleux, et quand il emploie le mot *diopètes*, c'est sans y attacher aucun sens d'origine. Comme il ne donne point de descriptions, il semble impossible de savoir au juste quels batraciens il désignait sous ce nom ; mais d'après les propriétés médicales qu'il leur attribue, il y a lieu de croire qu'il entendait parler, dans un cas, du crapaud des joncs, et dans l'autre, de la rainette. Quelques mots suffiront pour faire comprendre comment on arrive à cette déduction.

Lorsqu'on passe en revue les divers spécifiques successivement préconisés, on reconnaît, non sans quelque sentiment de honte, que tandis que les bons sont presque toujours dus au hasard, les mauvais, au contraire, ont en général été proposés par suite de profonds raisonnements. Beaucoup évidemment l'ont été d'après cette idée que l'homme peut s'approprier les qualités les plus saillantes de certains animaux en faisant usage, soit à l'intérieur, soit à l'extérieur, de quelque partie de leur corps. C'est ainsi qu'aujourd'hui encore on emploie la graisse ou la moelle d'ours pour faire pousser les cheveux. S'il s'agit au contraire de faire tomber les poils, au lieu d'une bête velue comme l'ours, on doit choisir quelque animal dont la peau soit parfaitement nue. Sous ce rapport, certains batraciens ne laissent rien à désirer, et leur nudité est même passée en proverbe [2]. Aussi dans quelques provinces de France, on recommande de se frotter avec le sang de la rainette pour faire tomber les poils qui croissent entre les sourcils. C'est de même comme épilatoire que Pline propose d'employer le sang des *diopètes* ; ainsi il est très probable que c'est des rainettes qu'il entend ici parler. Ces animaux ont d'ailleurs été quelquefois désignés sous le nom de *dryophytes* (naissant sur les arbres), et Pline est bien capable d'avoir confondu ce mot avec celui de *diopètes* (tombées du ciel).

Notre auteur, dans un chapitre précédent, désigne clairement les rainettes par l'habitude qu'elles ont de monter sur les arbres et de faire entendre du haut des branches une voix dont la puissance semble tout-à-fait disproportionnée à la taille de l'animal[3]. Cette voix sonore avait fait sans doute envie à quelque personne enrouée, mais le moyen qu'elle avait imaginé pour l'acquérir était des plus bizarres ; il consistait à ouvrir la bouche de l'animal et à cracher dedans. Ce n'était d'abord que contre l'extinction de voix que le remède était proposé ; puis on l'appliqua au rhume, cause ordinaire de cet accident, et c'est dans ce cas que Pline le recommande. Quant aux *diopètes*, il prescrit leur sang mêlé aux pleurs de la vigne pour empêcher de repousser les cils qui, ayant une direction vicieuse, irritent le globe de l'œil ; je ne doute pas qu'on n'ait vu s'opérer quelques guérisons à la suite de cette pratique, car il fallait commencer par arracher le poil, et cela devait parfois amener une inflammation de la paupière suffisante pour détruire l'organe sécréteur. C'est ce qu'on obtient aujourd'hui plus sûrement et plus simplement en cautérisant la partie.

Dans le second passage relatif aux *diopètes* ou *calamites*, Pline en parle comme fournissant un puissant aphrodisiaque, et ceci paraît se rapporter au crapaud des joncs ou au moins à une des espèces de crapauds proprement dits. Ces animaux, en effet, sont très ardents en amour et très persévérants. Tant que la passion les lient, aucun danger ne les effraie ; aucune douleur ne les détourne de leur objet. Ils sont comme dans une sorte d'extase qui les rend insensibles non-seulement aux coups, mais aux mutilations les plus graves, et on peut leur couper bras ou jambes sans qu'ils paraissent s'en apercevoir. On juge bien que le fait une fois observé, on ne pouvait manquer d'en faire des applications conformément à la théorie dont je viens de parler.

Si je voulais énumérer tous les remèdes qu'on empruntait aux batraciens, ce serait à n'en pas finir : il y a tel chapitre de Pline qui seul m'en fournirait une trentaine, et quelques-uns sont tellement saugrenus, que j'aurais bien de la peine à les exprimer décemment ; aussi, lorsque j'ai dit qu'on trouverait beaucoup moins de mensonges que d'erreurs dans l'histoire de ces animaux telle que les anciens nous l'ont laissée, je faisais abstraction de toutes les applications à la médecine et à la magie. Dans cette partie, j'en conviens, il y a cent fois plus d'impostures encore que d'erreurs, et c'est réellement une chose affligeante que de voir tout ce qu'on a pu faire croire d'absurdités aux hommes de certaines époques.

Au temps où Pline écrivait, Rome était infestée d'une foule de scélérats, demi-sorciers, demi-médecins, au besoin empoisonneurs, qui offraient aux hommes épuisés des moyens de réparer leurs forces, promettaient aux prodigues des héritages, et quelquefois leur fournissaient les moyens d'avancer l'époque de la succession. Ces imposteurs alors avaient beau jeu, car si les gens riches ne croyaient plus guère aux dieux, ils croyaient plus que jamais aux mauvais esprits, à la fascination, aux antipathies, aux sympathies, etc. Rien n'était plus aisé que de s'emparer de leur imagination, et afin de la mieux ébranler, on ne manquait pas de faire entrer, dans les préparations qu'on leur vendait au poids de l'or, des substances empruntées aux animaux qui inspirent le plus communément l'horreur et le dégoût ; les crapauds ne pouvaient manquer de trouver place dans cette pharmacopée. Ils y paraissaient sous toute espèce de formes et pour toute sorte d'usages. Ici on en recommandait l'emploi à celui qui voulait se faire aimer de la femme de son voisin, là à celui qui voulait Tendre sa femme fidèle. Pline, qui nous a conservé les deux recettes, dit en parlant de la dernière : « Il faut avouer que si ce moyen réussit, les grenouilles sont plus utiles que les lois pour conserver le bon ordre dans la société. »

Malgré le ton railleur qu'il prend dans cette circonstance, Pline croyait certainement à l'efficacité de la plupart de ces mystérieuses pratiques ; autrement, on ne concevrait pas comment il a eu la patience de les reproduire. Il ne paraît pas douter par exemple qu'on ne puisse faire dire à une femme ses pensées les plus secrètes, si on place sur son cœur pendant qu'elle dort la langue d'une grenouille ; mais il faut que cette langue ait été arrachée à l'animal vivant et sans qu'aucune autre partie de la chair y soit restée adhérente. (Voy. liv. XXXIII, chap. 3.) Il est vrai qu'un peu auparavant il avait exprimé ses doutes sur la possibilité d'obtenir le même effet en employant le cœur du hibou.

Cette similitude d'usages dans deux animaux aussi différents pourrait bien être fortuite, mais je croirais plus volontiers qu'elle tient à ce que les noms latins du crapaud et du hibou, *bubo* et *bufo*, se ressemblant beaucoup, on aura pris l'un pour l'autre-Ce ne serait pas au reste le seul exemple de confusion entre ces deux noms, j'en citerai un autre assez singulier.

Albert-le-Grand dit que le crapaud couve les œufs de l'alouette et prend soin des petits. C'est là un conte bien ridicule sans doute, et pourtant il a été fait sans que personne eût l'intention de mentir.

Il est un oiseau que son organisation rapproche des hirondelles, mais que ses habitudes nocturnes ont fait quelquefois placer parmi les hibous ; c'est l'engoulevent, qu'on désigne encore dans quelques provinces de l'Amérique espagnole sous le nom de *bufeo* ou *buho*, nom qu'on donne également aux effrayes, aux chouettes, aux chats-huans, etc. Son nid, placé à terre, grossièrement construit et contenant des œufs tachetés à fond grisâtre, aura pu être aisément pris pour un nid d'alouette ; quand ensuite on aura vu la mère se poser sur ce nid et couver ces œufs qui semblent trop petits pour sa taille, on aura cru qu'elle adoptait une famille étrangère, comme la fauvette adopte le petit du coucou. Le fait, ainsi exprimé, n'avait rien d'absolument invraisemblable, mais il devint tout-à-fait absurde, quand un copiste maladroit eut, par le changement d'une seule lettre, fait d'un bubo un *bufo*, et mis le crapaud à la place de l'engoulevent.

Les erreurs qui, avant l'invention de l'imprimerie, naissaient ainsi de la négligence des scribes, sont, surtout en ce qui touche à l'histoire naturelle, beaucoup plus fréquentes et plus graves qu'on ne le suppose communément ; et comme, en général, les fautes allaient toujours croissant dans les copies qui se faisaient successivement d'un même livre, je ne sais si, en assurant la pureté des textes, la découverte de Faust ne nous a pas rendu un service aussi grand qu'en multipliant à bas prix le nombre des exemplaires.

Le premier avantage ne peut aujourd'hui être aussi généralement apprécié que le dernier ; mais je ne doute pas qu'il n'ait frappé tous ceux qui ont eu occasion de faire des recherches dans les copies d'ouvrages restés longtemps populaires et ainsi très souvent reproduits. On peut même en juger par la seule comparaison entre les premières éditions qui se firent d'après ces copies altérées et celles qui furent données deux siècles plus tard par de sa vans critiques.

Il y avait eu vers la fin du treizième siècle une grande ardeur pour l'étude, surtout dans les couvents des frères mineurs, et plusieurs des moines de cet ordre écrivirent des ouvrages volumineux où ils consignèrent, non-seulement les connaissances empruntées aux ouvrages anciens, mais celles qu'ils puisaient dans les récits des voyageurs contemporains. Il se fit un grand nombre de copies de ces livres, et les novices auxquels la tâche était confiée, rencontrant une foule de mois nouveaux, les estropiaient fréquemment, ou, ce qui était pis encore, y substituaient ceux d'objets plus connus. Dans le dernier cas, il y avait souvent désaccord complet entre les idées que faisait naître le nouveau nom et celle que donnait la description originale ; mais venait un compilateur qui, s'efforçant de les faire cadrer, ajoutait d'un côté, retranchait de l'autre, et finissait par produire un portrait qui ne ressemblait plus à rien.

Désiré Roulin

Un croisé, par exemple, décrit sous le nom de *Chiraf* une bête qu'il avait vue en Syrie ; il ajoute qu'on l'avait amenée d'Afrique pour la présenter au sultan. Cette dernière particularité est omise comme oiseuse par la plupart des écrivains qui s'emparent du récit du voyageur, de sorte que bientôt l'animal paraît être originaire d'Asie. D'un autre côté, le nom s'altère, et après quelque temps finit par s'écrire *chimœra* ; alors la description, qui jusque-là était assez reconnaissable, se surcharge de plusieurs des traits appartenant au monstre thébain. Bref, dans les dernières compilations, la nouvelle chimère qui a perdu successivement sa patrie, son nom et ses formes, présente une énigme plus embrouillée encore que celles que proposait l'ancienne.

L'histoire des batraciens nous offrirait une foule de cas semblables. Il arriva, par exemple, que, dans quelques passages où était employé le mot grec *batrachos*, un copiste lut et écrivit *baurach* qui est un des noms arabes du borate de soude. L'erreur fut reproduite dans un traité très répandu d'histoire naturelle, et le mot *borax* (c'est ainsi qu'on l'écrivit bientôt) désigna indifféremment un animal et un minéral ; de là résultèrent, comme il est aisé de le prévoir, les plus étranges méprises.

Le borax minéral avait été employé avec succès comme détersif et astringent dans le traitement de certains ulcères, on n'hésita pas à employer pour le même usage le borax-crapaud, et il n'y eut de doutes que relativement au mode d'administration du remède ; les uns faisaient sécher l'animal à l'ombre avant de le réduire en poudre, d'autres le brûlaient pour avoir ses cendres, quelques-uns enfin ne craignirent pas de l'appliquer tout vivant.

Si ce remède révoltant a pu être proposé, on voudrait croire du moins qu'il n'a jamais été mis à exécution ; mais il n'est pas possible d'en douter, et beaucoup de médecins savent que de malheureuses femmes y ont encore quelquefois recours pour des cancers au sein lorsqu'elles n'attendent plus rien des méthodes ordinaires de la médecine. Personne, à la vérité, n'oserait aujourd'hui proposer ouvertement une pareille recette, mais on l'a fait il y a moins d'un siècle, et, en 1768, les journaux anglais étaient pleins des cures obtenues par ce moyen, comme les nôtres l'étaient, en 1818, des guérisons dues à l'usage de la moutarde blanche.

On sait qu'un remède très souvent employé parmi le peuple, dans les cas de fièvres intermittentes, consiste à avaler à jeun une ou plusieurs araignées vivantes ; je crois avoir entendu dire que pour d'autres maladies on a proposé d'avaler un crapaud tout vif ; mais ce que je sais fort bien, c'est qu'il s'est trouvé des gens qui l'ont fait par bravade. J'ai vu à Laval, en 1814, un maçon ou tailleur de pierre qui, étant déjà pris de vin et n'ayant plus d'argent pour en acheter encore, déclara à ses compagnons que, s'ils voulaient lui en payer une nouvelle bouteille, il allait avaler un crapaud qu'on venait de trouver dans un coin du cellier. Le marché fut conclu et exécuté ; mais, moins d'une heure après, il fallut transporter à l'hôpital le malheureux qui suffoquait ; la gorge était horriblement enflammée, et la langue était gonflée au point de ne plus tenir dans la bouche. On y pratiqua de profondes incisions, et, à force de soins, on parvint à faire cesser les symptômes les plus menaçants. Lorsque je vis le malade, il se croyait près de reprendre son travail ; cependant il avait le visage bouffi, la peau d'un jaune paillé, l'haleine infecte, la respiration difficile et singultueuse. J'appris plus tard qu'il avait succombé à une inflammation de l'estomac. Plus récemment, le même fait s'est, à ce qu'on m'a assuré, présenté deux fois dans les hôpitaux de Paris ; les premiers accidents ont été arrêtés, mais Je ne doute pas que les suites n'aient été fatales.

J'ai retrouvé depuis, dans Dioscoride, au livre sixième qui traite des poisons et de leurs remèdes, une énumération de tous les symptômes que j'avais observés sur le tailleur de pierre manceau. Le médecin grec ne dit rien qui puisse faire croire que les crapauds eussent été pris vivants ; il est probable que le poison avait été administré par des gens mal intentionnés, et sous une forme qui permettait de le déguiser. Avicène dit que la poudre de crapaud desséché produit tous ces accidents, et il insiste en particulier sur l'inflammation de la gorge et sur le sentiment de brûlure qu'éprouve le malade.

On a été longtemps avant de savoir au juste dans quelle partie résidait le venin des crapauds, et beaucoup de gens croyaient que tout en eux était nuisible. Elien dit qu'on doit se garder soigneusement du souffle d'un crapaud qu'on a irrité, et que si l'on s'y expose imprudemment, on en reste plusieurs jours pâle et livide. Il ajoute que le regard de l'animal est dangereux, et bien d'autres l'ont cru après lui. Au reste, si l'œil du crapaud agit sur l'homme, l'œil de l'homme, s'il en faut croire certains auteurs, agit non moins puissamment sur le crapaud. Vanhelmont assure que si on place un de ces animaux dans un vase assez profond pour qu'il n'en puisse sortir, et qu'on le regarde fixement, on le fait infailliblement mourir. Un capucin défroqué, qui se faisait appeler l'abbé Rousseau et prenait le titre de médecin de Louis XIV, assure avoir répété quatre fois en Egypte cette expérience sans qu'elle manquât jamais, et s'être fait ainsi regarder par les Turcs comme un saint à miracles. Si l'expérience s'est faite en plein soleil, elle perd beaucoup de son merveilleux ; car, même dans nos climats, où la puissance de ses rayons est bien moindre, il suffit d'une insolation un peu prolongée pour tuer un crapaud. Averti par son instinct de ce danger, l'animal ne s'y expose jamais volontairement, et ce n'est d'ordinaire qu'à l'entrée de la nuit qu'il se met en campagne.

Rousseau dit encore que, passant par Lyon à son retour des pays orientaux, il voulut recommencer l'expérience. Cette fois le crapaud ne mourut point ; il s'agita, se gonfla, s'éleva sur ses pattes et regarda l'abbé avec des yeux enflammés. Celui-ci bientôt se sentit défaillir, fut pris d'une sueur froide, d'un relâchement général. Bref, il éprouva les suites ordinaires et bien connues d'une grande frayeur ; il n'y a là rien qui ne soit assez croyable.

Si l'on attribue à l'œil du crapaud un pouvoir de fascination, cela ne tient peut-être pas seulement au sentiment pénible qu'on éprouve à sa vue, sentiment que ses formes hideuses et son odeur rebutante suffiraient presque pour inspirer, même quand il ne s'y mêlerait aucune idée de danger. On aura remarqué sans doute que, malgré la lenteur de ses mouvements il se nourrit d'insectes très agiles, et on aura été conduit à supposer que les mouches, les sauterelles qu'on lui voyait dévorer étaient attirés vers sa bouche par un pouvoir irrésistible, comme on dit que le sont les petits oiseaux vers celle du serpent. Linnée lui-même est tombé dans cette erreur, et ainsi le fait vaut la peine qu'on s'y arrête.

Si l'on suit les mouvements d'une grenouille ou d'un lézard qui chassent aux mouches, on les voit s'approcher avec précaution, puis, quand ils sont à distance convenable, se précipiter sur leur proie, l'une par un saut brusque, l'autre par une course rapide. Le crapaud parmi les batraciens, le caméléon parmi les sauriens, mourraient de faim, s'ils étaient forcés de suivre de point en point cette tactique ; aussi, quoique pour eux la première partie de la manœuvre soit la même, la seconde est tonte différente. Après le temps d'arrêt, le corps du crapaud et du caméléon ne bouge plus, mais leur langue est lancée vers la proie, qu'elle ramène aussitôt à la bouche, grâce à la viscosité dont elle est enduite. Cette langue chez les deux animaux est très extensible et douée de toute l'agilité qui a été refusée aux membres. Le double mouvement est si rapide, qu'il échappe presque toujours à la vue, mais il y a plusieurs moyens de s'assurer que c'est bien la langue qui va chercher l'insecte, et non celui-ci qui se précipite dans la bouche ; on peut, par exemple, enfermer un crapaud sous une cloche de verre et faire promener des mouches sur la surface extérieure. Le crapaud ne s'apercevant pas que sa proie est séparée de lui par une cloison transparente, darde sa langue qu'on entend très distinctement frapper contre le verre : on peut, par ce moyen qui est dû à M. Macartney, apprécier assez exactement le maximum d'allongement de la langue ; ou voit qu'elle atteint quelquefois à plus de deux pouces de distance ; c'est une portée bien moindre d'ailleurs que celle de la langue du caméléon ; mais il était juste que ce dernier, dont les mouvements sont encore plus gênés que ceux du crapaud, fût plus favorisé sous quelque autre rapport. Notre vieux Belon avait très bien décrit le mécanisme par lequel le crapaud saisit sa proie, et cela aurait dû suffire pour empêcher Linnée de retomber dans l'ancienne erreur.

Il est impossible déparier du caméléon sans songer à ses changements de couleur ; hé bien ! ces changements se retrouvent, quoique à un moindre degré, dans une espèce de crapaud. Faut-il croire que pour l'un comme pour l'autre cas, la nature a voulu donner à un animal dépourvu d'armes et d'agilité un moyen de se soustraire à la vue de ses ennemis ; c'est ce que je ne déciderai point. Je ferai remarquer cependant que le crapaud variable, manquant du genre de protection qui résulte pour les autres espèces de leurs habitudes nocturnes, trouve dans cette faculté une sorte de compensation.

Il existe dans nos pays un crapaud qui semble plus que tous les autres redouter la lumière, et qu'on n'a guère occasion d'observer que lorsque la charrue, en traçant un sillon, l'amène par hasard à la surface du sol. On conçoit d'après cela qu'il a dû s'offrir bien plus souvent aux yeux des laboureurs qu'à ceux des naturalistes ; aussi, quoique les derniers ne l'aient décrit comme espèce distincte que depuis un petit nombre d'années, les autres le connaissaient depuis des siècles ; mais supposant que, hors les cas de force majeure, l'animal ne sortait jamais de sa cellule, ils en avaient conclu qu'il devait se nourrir exclusivement de terre. Cette fausse notion fut admise sans hésitation par des écrivains du XIe et du XIIe siècle, étendue à toutes les espèces du genre, et bientôt embellie de circonstances merveilleuses. Il fut admis, par exemple, que le crapaud prenant par poids et par mesure la terre dont il se nourrissait, ne consommait chaque jour que la petite portion comprise sous un de ses pieds.

Comment cette bizarre idée avait-elle pu s'introduire ? c'est ce que l'on conçoit assez bien quand on remarque dans quelle classe d'ouvrages elle a été d'abord présentée. C'est des bestiaires en effet qu'elle est passée dans les livres d'histoire naturelle ; or, un bestiaire n'est pas, comme bien des gens le supposent, un manuel de zoologie, mais un recueil d'apologues.

L'apologue, employé comme moyen d'instruction de temps immémorial, a subi, ainsi que toutes les choses de ce bas monde, les caprices de la mode, et ses formes ont varié selon les époques. Tantôt nous avons de longues histoires dont des hommes sont les héros, d'autres fois de petits drames où divers animaux agissent d'une manière plus ou moins conforme au caractère qui leur est communément attribué. Il y a un temps où les devises seules sont en faveur, de telle sorte, que Saavedra, voulant faire un cours de politique à l'usage des princes, croit ne pouvoir présenter ses maximes qu'après les avoir revêtues de cet habit. Au moyen-âge, on a les bestiaires qui ne se distinguent des devises qu'en ce que le corps est toujours pris d'un animal, et que l'*âme* est relative à quelque point de dogme ou de morale chrétienne.

Dans les bestiaires les animaux ne sont pas, comme dans les fables proprement dites, des acteurs chez lesquels on suppose les pensées, les passions, les intérêts des hommes. On ne les met pas en présence les uns des autres, on les passe successivement en revue, en s'arrêtant sur un trait de leur conformation ou de leurs mœurs, qui sert comme de texte à sermon plus ou moins long. Ce qui importe, ce n'est pas que le texte soit juste, mais qu'il conduise par une déduction aisée à une bonne moralité. Si donc un nouveau développement s'offre à l'esprit de l'écrivain, il ne se fera pas scrupule de supposer une habitude ou au moins une intention à l'animal qui fait le corps de la devise.

Lorsque le coadjuteur au parlement inventa un passage de Cicéron, qui lui fournit l'occasion de se louer lui-même, dans une circonstance où ceux qui l'entouraient n'eussent pris la parole que pour le blâmer, on ne le traita pas de faussaire ; ne traitons donc pas de menteur l'écrivain qui, dans une intention beaucoup plus honnête, aura ajouté un trait fantastique à l'histoire du crapaud. Il trouve un animal qu'on dit se nourrir seulement de terre, et qui a par conséquent tout le globe à dévorer avant d'être exposé à souffrir de la faim. Il nous le représente ne prenant chaque jour dans cet inépuisable magasin que la petite portion que sa patte peut couvrir ; le stupide animal craint que la terre ne finisse avant lui ! Je le demande, l'image n'est-elle pas bien propre à faire ressortir la folie de l'avare ? Si donc c'est là ce que s'est proposé l'auteur (et je crois qu'on n'en peut guère douter, puisque dans les écrits de cette époque c'est toujours comme symbole de l'avarice que le crapaud nous est présenté), tant pis pour ceux qui auront été chercher dans son livre ce qu'il n'avait jamais voulu y mettre. Supposez qu'un zoologiste moderne ait été étudier dans *la Nuit de mai* les mœurs du pélican, sera-t-il bien venu ensuite à reprocher à M. Alfred de Musset de lui avoir mal enseigné l'histoire naturelle ?

Je m'aperçois que je m'éloigne de plus en plus de mes crapauds. Il faut que je me hâte d'y revenir, car je ne suis pas au quart de ce que je voulais conter de leur histoire fabuleuse.

J'ai déjà parlé de l'antipathie qui existait entre leur espèce et la nôtre ; hé bien ! cette antipathie même, l'homme avait voulu la tourner à son profit, et voici comment ;

A une certaine époque, on s'était habitué à voir dans le corps humain une image de l'univers, un microcosme, comme on le dit plus tard. On admettait que dans ce petit monde, de même que dans le grand, chaque partie avait son existence propre, ses mouvements indépendants, qui, à la vérité, concouraient tous vers un but commun, mais ne dérivaient pas immédiatement d'une cause unique. C'était comme une république bien ordonnée, dans laquelle chaque membre faisait en temps opportun ce qui convenait à l'intérêt de tous les autres, et sans avoir besoin d'être averti par eux. Cet heureux accord existant non-seulement entre les éléments corporels, mais encore entre l'esprit et la matière, l'hypothèse fournissait une manière commode de se rendre compte de la liaison entre les mouvements de l'âme et ceux du corps ; c'était une sorte d'harmonie préétablie, différente pourtant de celle de Leibnitz.

Lorsqu'un homme rougit de plaisir ou pâlit de frayeur, le philosophe saxon ne voit là qu'un changement dans le rythme du cœur, changement qui ne dépend en aucune manière de l'affection de l'âme ou de l'événement par lequel cette affection est déterminée, mais qui était calculé d'avance et de toute éternité de manière à se produire juste à ce moment. Dans le système dont nous parlons, au contraire, on attribuait ces changements de coloration à un mouvement propre du sang lequel se portait spontanément au-devant d'un objet agréable, ou reculait devant un objet effrayant. Le sang était ainsi supposé capable de passions, et l'on croyait que ces passions pouvaient s'exercer quelque temps encore après la mort. De là vint l'usage de faire comparaître devant le cadavre d'une personne assassinée l'homme par qui l'on soupçonnait que le crime avait été commis ; on pensait que le sang du mort devait, à l'approche du meurtrier, s'élancer contre lui tout bouillant d'indignation, et jaillir par les blessures. Ce mode étrange d'instruction criminelle tomba, du reste, en désuétude bien avant que la doctrine physiologique sur laquelle il reposait fût entièrement abandonnée. Ce fut tout le contraire pour les méthodes de traitement qu'on en avait déduites ; quelques-unes survécurent de plusieurs siècles au système, et telles sont en particulier celles que j'ai à indiquer ici.

Si l'on pouvait, en agissant sur les passions du sang, produire chez un mort une hémorragie, on devrait pouvoir, à plus forte raison, l'arrêter chez un vivant en excitant une passion contraire. Lors donc que le sang, emporté par un mouvement aveugle, semblait vouloir abandonner le corps et perdre la communauté en se perdant lui-même, au lieu d'opposer à sa sortie des obstacles que peut-être il eût forcés, on lui présentait quelque objet propre à le faire reculer d'horreur ; or, parmi tous ceux auxquels on pouvait penser, aucun ne semblait mieux approprié que le crapaud. Cet animal trouva donc sa place dans la plupart des recettes contre l'hémorragie, et il y figura de cent manières différentes, tantôt vivant, tantôt mort, réduit en poudre ou réduit en cendres, tantôt seul et tantôt avec des adjuvants, c'est-à-dire avec des substances qu'on supposait douées de propriétés analogues.

Une des manières les plus simples est celle qu'avait mise en crédit Frédéric, duc de Saxe ; elle avait pour objet d'arrêter le saignement au nez, et consistait à serrer dans la main un crapaud séché à l'ombre, et à le tenir ainsi jusqu'à ce qu'on ne le sentît plus froid. Gesner dit que cela réussissait assez souvent ; d'ailleurs il ne s'abuse point sur la manière d'agir de ce remède ; le sentiment d'horreur qu'éprouvait naturellement le patient devait, dit ce judicieux écrivain, avoir pour effet de diminuer la force des pulsations du cœur, et tendait ainsi à arrêter le cours du sang précisément comme l'eût fait une syncope.

Dans le combat singulier qui eut lieu à Lyon entre un crapaud et le capucin Rousseau, le moine, comme on l'a vu, faillit succomber ; mais il ne pouvait s'en prendre qu'à lui-même, il avait commencé les hostilités. Le cas que je vais rapporter est tout différent ; le crapaud avait pris l'initiative pour attaquer un moine, et il l'eût fait périr sans doute, si celui-ci n'eût trouvé un auxiliaire sur lequel il ne pouvait guère compter. Voici l'anecdote telle qu'on la peut lire dans les Colloques d'Erasme.

« Il règne, dit un des interlocuteurs, une profonde inimitié entre le crapaud et l'araignée ; ils ont de fréquents combats, et je t'en veux conter un qu'on dit avoir eu lieu en Angleterre. Tu sais que dans ce pays on a coutume, en certaines saisons de l'année, de couvrir le plancher de joncs fraîchement coupés ; un moine donc avait apporté dans sa cellule une boite de ces joncs pour les y éparpiller ; mais avant qu'il l'eût fait, la cloche du dîner l'appela, et en sortant de table, il n'eut rien de plus pressé que de s'étendre sur le lit et de prendre son somme. Voilà cependant que du milieu des joncs sort un énorme crapaud qui s'avance vers le moine endormi, se place sur sa bouche, et se cramponne des quatre pieds aux deux lèvres. On entre par hasard dans la cellule, on est frappé d'horreur ; mais que faire ? déranger le crapaud, c'était tuer à l'instant le moine ; le laisser où il était, c'était quelque chose de plus horrible encore. Enfin quelqu'un ouvrit un avis ; c'était de transporter le moine avec sa couchette au-dessous de la fenêtre où une énorme araignée avait tendu ses toiles. On le fit ; à peine l'araignée eut-elle aperçu son ennemi, que, se laissant pendre d'un fil, elle arriva jusqu'à lui, le piqua de son aiguillon, et remonta rapidement vers sa toile. Le crapaud se gonfla, mais ne quitta pas prise. A la seconde piqûre on le vit enfler davantage, mais il vivait toujours ; à la troisième enfin ses pattes se détachèrent, et bientôt il tomba mort. C'est ainsi que l'araignée paya au moine la dette de l'hospitalité. »

« Voilà l'histoire telle que je l'ai reçue ; tu la prendras pour ce qu'il te plaira. »

Des écrivains fort antérieurs à Erasme avaient parlé de ces combats entre l'araignée et le crapaud, sans orner, il est vrai, le fait principal de tant de circonstances accessoires, mais aussi sans exprimer le moindre doute sur son authenticité.

On ne voit pas trop d'abord ce qui a pu faire croire à ces haines sans motif, à ces combats sans but, entre deux êtres de forces disproportionnées et où le plus faible est représenté comme l'agresseur ? La fable repose-t-elle sur des observations vraies, mais mal à propos généralisées ? ou doit-elle sa naissance à quelque quiproquo du genre de ceux que j'ai déjà signalés ? Les deux hypothèses sont également soutenables. Ainsi, à l'appui de la première, on devra faire remarquer que certaines espèces très carnassières d'araignées peuvent, lorsque la faim les presse, s'attaquer, à défaut d'insectes, à de petits vertébrés, le poison qu'elles portent leur fournissant un moyen de paralyser des animaux de taille très supérieure à la leur. Latreille assure que la piqûre de la mygale aviculaire fait périr en quelques minutes un jeune pigeon. J'ai vu en Amérique une espèce beaucoup plus petite produire sur l'homme des accidents analogues à ceux qui résultent dans notre pays de la morsure de la vipère. Nos araignées d'Europe sont moins redoutables, mais sans croire à tout ce que Baglivi et d'autres ont débité sur le compte de la tarentule, on fait bien de se méfier des piqûres des grosses espèces, surtout dans les contrées méridionales, et il n'est pas douteux qu'elles ne puissent être pour certains reptiles à peau nue des ennemis redoutables. M. Berthelot, directeur du jardin d'acclimatation de l'Orotava, m'a dit que, se promenant un jour dans une partie peu fréquentée de l'île, il aperçut, sous une pierre qu'il soulevait pour y chercher des insectes, une araignée cramponnée sur le dos d'un batracien qu'elle paraissait avoir déjà blessé, et dont elle voulait sans doute se nourrir. L'araignée était très forte, et la grenouille appartenait à une espèce très petite qui, à l'état adulte, n'a pas plus d'un pouce de longueur ; mais que le fait eût été raconté sans détails devant un auditeur ignorant en histoire naturelle, il se serait figuré certainement un crapaud large comme la main, une araignée grosse au plus comme un pois, et il n'aurait pu supposer que cette dernière, en attaquant le reptile, eût d'autre but que de satisfaire une aveugle haine.

Voilà donc une première manière de concevoir l'erreur sans supposer le mensonge ; en voici une seconde, et c'est celle que j'adopterais le plus volontiers.

On trouve dans toutes les parties chaudes de l'ancien et du nouveau monde certains sauriens (les *geckos*) dont l'aspect est repoussant, dont les habitudes sont ténébreuses presque autant que celles des crapauds, et qui font de même assez souvent leur demeure dans les trous des vieux murs. Les geckos et les crapauds peuvent, comme voisins, comme gens d'un même métier (car ils vivent l'un et l'autre aux dépens des insectes), avoir quelquefois des querelles, quelquefois même en venir aux coups. Or, une espèce de gecko porte en plusieurs parties de l'Italie le nom de tarentule (*tarentola*). On conçoit dès-lors très bien qu'on ait pu attribuer à la tarentule-araignée ce qui se racontait des habitudes de la tarentule-gecko.

On pourra remarquer, comme coïncidence singulière, qu'en hébreu le gecko et une espèce d'araignée portent aussi le même nom, ou du moins des noms assez peu différents pour que les traducteurs les aient souvent confondus.

Les naturalistes du moyen-âge sont, je crois, les premiers qui aient parlé des démêlés entre l'araignée et le crapaud, et quoique, d'après la manière dont ils présentaient la chose, le pauvre crapaud n'eût aucun tort dans ces batailles, ils partaient de là pour lui attribuer un caractère haineux et querelleur.

Cet animal est fort, méchant ;
Quand on l'attaque, il se défend.

Ils citaient encore en preuve l'aversion qu'il a pour le serpent, pour le serpent qui le poursuit et qui le mange ; ils auraient presque fait un crime à la pauvre bête de se mettre en travers pour n'être pas avalée.

A ce propos, il me souvient d'une histoire qui, lorsqu'on me l'a contée, m'a paru fournir l'explication d'un de ces nombreux prodiges que nous présentent les annales des premiers temps de la république romaine. Pline rapporte (livre VIII, chapitre 41) qu'à l'époque de l'expulsion des Tarquins on entendit aboyer un serpent. J'ai déjà fait ma profession de foi relativement à ces récits merveilleux, et dit que je les croyais fondés bien moins sur des impostures préméditées que sur de mauvaises observations ; je pense que ce dernier cas vient encore à l'appui de mon opinion. On en jugera, au reste, après avoir entendu l'anecdote suivante, que je tiens de la bouche de l'observateur lui-même, feu M. le comte Real.

« Pendant mon exil aux Etats-Unis je me promenais un jour, disait-il, à quelque distance d'une maison que j'avais fait construire sur les bords du Saint-Laurent, lorsque j'entendis sortir d'un buisson une sorte d'aboiement étouffé. Dirigeant la vue du côté d'où partait le bruit, j'aperçus le corps d'un serpent dont la tête était cachée sous de larges feuilles. Le mettre en joue, le tirer, ce fut l'affaire d'un instant. Le serpent, frappé à mort, s'allongea, et alors j'aperçus une tête qui ne semblait pas moins étrange par sa grosseur que par sa forme ; au lieu de deux yeux elle en présentait quatre. Je me frottais les yeux moi-même pour m'assurer que j'étais bien éveillé ; or jugez si ma surprise dut redoubler lorsque je vis que cette tête croissait très sensiblement en longueur : je m'approchai cependant, et je pus alors distinguer un crapaud qui se dégageait avec peine de la gueule du reptile dans laquelle il était sans doute presque entièrement englouti, lorsqu'il faisait entendre le cri de détresse que j'avais pris pour un aboiement. Il sortit enfin, assez maltraité, mais encore plein de vie, et il s'en alla bon train, sans me dire seulement : Grand merci. J'ai dû lui pardonner cependant ; les hommes, longtemps avant les crapauds, m'avaient appris à ne pas compter sur la reconnaissance. »

J'aurais encore beaucoup de traits à ajouter à l'histoire merveilleuse du crapaud ; je devrais parler de sa prétendue transformation en poisson, de la pierre qu'on croyait contenue dans sa tête et qui devait fournir un antidote infaillible contre toute espèce de poison, enfin de la faculté qu'on lui supposait de vivre sans air et sans aliments, renfermé au centre des roches les plus dures ; mais, dans cette dernière question seule, il y aurait matière à tout un article, et comme c'est encore aujourd'hui un sujet de controverses, j'aurai sans doute plus tard occasion d'y revenir.

En passant en revue les principales fables relatives aux crapauds, j'avais pour but, comme je l'ai dit, de faire comprendre la répugnance des naturalistes modernes à s'occuper d'un fait d'ailleurs peu croyable, et qui se présentait si mal accompagné. Il me resterait maintenant à excuser la crédulité des naturalistes anciens, celle des savants du moyen-âge et du vulgaire de nos jours, en montrant combien il y a de traits merveilleux dans l'histoire positive de ces animaux, et combien il était facile à des hommes peu accoutumés à nos méthodes rigoureuses d'investigation de se laisser induire en erreur sur différents points. Cette seconde partie, pour être complète, devrait être traitée plus longuement encore que la première ; mais comme depuis quelques années l'histoire naturelle est assez généralement cultivée, je pourrai me contenter de rappeler ici brièvement les généralités, et pour les faits particuliers de citer seulement les plus saillants.

Les batraciens anoures, ou *grenouilles* (en prenant ce mot dans le sens étendu qu'avait celui de *batrachos* chez les Grecs, et celui de *rana* chez les Latins), sont, comme on le sait, des animaux ovipares. Les œufs sont renfermés, non dans une coquille solide, comme ceux des oiseaux, ou dans une enveloppe flexible et d'ailleurs très résistante, comme ceux des reptiles, mais dans une membrane mince et perméable à l'eau. Il en résulte qu'ils se gonflent s'ils sont immergés dans un liquide, et qu'au contraire ils se dessèchent et se racornissent s'ils sont abandonnés dans un air sec ; c'est ce que les parents, au reste, ont toujours bon soin d'empêcher.

La sortie de ces œufs est quelquefois accompagnée de circonstances singulières ; ainsi, dans une espèce d'Europe, le mâle aide la femelle à se débarrasser de ses œufs, se les attache en paquets sur les deux cuisses et se retire dans quelque lieu humide. Au bout d'un certain temps, il quitte sa demeure terrestre, et va chercher une eau dormante, afin de s'y plonger. Par suite de cette immersion, les œufs se gonflent, leur membrane se fend, et les petits se mettent aussitôt à nager dans la mare, où ils continuent à séjourner jusqu'à ce qu'ils aient subi toutes leurs métamorphoses. Le crapaud accoucheur (c'est ainsi qu'on le nomme) est assez commun dans les environs de Paris ; cependant il n'y a pas très longtemps qu'on a remarqué ces habitudes singulières, que M. Demours a le premier décrites. Les espèces étrangères, qui forment le genre *pipa*, offrent encore quelque chose de plus singulier. Celle qu'on a connue la première vit à Cayenne et à Surinam dans les endroits obscurs des maisons. Lorsque les œufs sont pondus, le mâle les place sur le dos de la femelle qui sur-le-champ se rend à l'eau. La peau de son dos se gonfle et forme des cellules dans lesquelles les œufs éclosent et où les petits subissent leurs métamorphoses, ne sortant de cette prison qu'au moment où ils ont pris la forme qu'ils doivent garder jusqu'à la fin de leur vie.

Dans le plus grand nombre des cas, les œufs déposés simplement dans l'eau s'y gonflent, et au bout de quelques jours laissent chacun échapper un petit être qu'on a appelé têtard à cause de la grosseur de sa tête qui semble, en effet, hors de toute proportion avec le reste du corps.

Quelle que soit l'espèce de batraciens à laquelle il appartienne, le têtard est toujours très actif. Ses mouvements sont irréguliers et comme tortueux, ce qui lui avait valu chez les Latins le nom de gyrin. Pline, sous ce nom, le décrit assez bien ; mais il croit que c'est là son premier état, et par conséquent il ne considère point les batraciens comme ovipares.

Le têtard se meut à l'aide de sa queue, et on ne lui voit d'abord aucun membre ; seulement, pendant les premiers jours, il a de chaque côté du cou de petites franges qui se détruisent bientôt, ou qui, s'il en faut croire Swammerdam, s'enfoncent seulement sous la peau pour former les branchies à l'aide desquelles l'animal respire. Les pattes de derrière se développent peu à peu et on peut en suivre les progrès ; celles de devant se développent aussi, mais sous la peau qu'elles percent ensuite. Alors la queue se résorbe par degrés ; un petit bec corné qui servait au jeune animal pour diviser les substances dont il se nourrissait dans son premier âge, tombe et laisse apercevoir les véritables mâchoires qui d'abord étaient molles et cachées ; l'œil, qui ne s'apercevait qu'à cause de la transparence de la peau, se découvre avec ses paupières. Les branchies s'anéantissent et laissent les poumons exercer seuls la fonction de respirer, qu'elles partageaient avec eux. L'animal a pris la forme qu'il doit toujours désormais garder.

Mais, chez les batraciens à l'état parfait, les poumons ne sont pas les seuls organes chargés de la respiration, la peau est aussi un organe respiratoire, c'est-à-dire que le sang contenu dans les vaisseaux qui s'y distribuent se met en rapport avec l'air extérieur pour y puiser les élément, dont il a besoin et y verser ceux dont il doit se débarrasser. Cette respiration cutanée ne peut s'effectuer qu'autant que la peau est souple, humide, et la conserver dans cet état est un des premiers soins de l'animal, dès qu'il a subi sa dernière métamorphose. S'il appartient à une espèce terrestre, il va chercher sur-le-champ une retraite dans quelque lieu peu exposé à l'action du soleil et où l'air ne soit pas trop sec ; communément il se met en route de nuit, et quand le soleil le surprend, il s'empresse de chercher un gîte, entrant, si rien de mieux ne se présente, au fond des fentes qui se produisent dans le sol par l'excès de la sécheresse. Souvent l'émigration a été nombreuse, aussi arrive-t-il quelquefois qu'un grand espace nu brûlé par le soleil, crevassé en tous sens, et où il n'y a pas apparence d'un seul être vivant, se peuple, après quelques minutes de plaie, d'une multitude de crapauds qui s'attirent du plus profond des fentes et viennent jouir de l'humidité à la surface.

Dans les parties tropicales de l'Amérique, où, comme je l'ai dit, le pipa vit volontiers dans l'intérieur des maisons, il suffit qu'on arrose le plancher (si on peut dire plancher quand c'est, comme dans le cas le plus ordinaire, seulement de la terre foulée), pour voir sautiller bientôt une multitude de petits crapauds qui, moins prudents et plus pressés de jouir que leurs anciens, ayant d'ailleurs, à cause de la plus grande finesse de leur peau, plus de besoin d'en entretenir l'humidité, se hâtent de venir se vautrer dans les gouttes d'eau avant qu'elles se soient évaporées ou aient été absorbées par le sol.

Les premiers Espagnols qui ont été témoins de ces apparitions soudaines paraissent n'avoir pas douté que ces animaux ne fussent nés soudainement aux lieux où ils les apercevaient, et par le simple contact de la terre et de l'eau. Pierre Martyr dit que cela se voit tous les jours à Veragua ; mais comme Martyr était un érudit, il se pourrait bien qu'il eût été chercher chez les anciens l'explication d'un fait qui lui avait été donné sans commentaires.

Désiré Roulin

Du moment où la terre redevient sèche, elle cesse de convenir à nos jeunes batraciens, qui ne tardent pas à regagner leurs retraites. Leur disparition soudaine devenait donc encore un sujet d'étonnement et par suite d'explications hasardées. Au reste, puisqu'on admettait que ces animaux s'étaient formés instantanément par le simple contact de l'eau du ciel avec la terre, il n'y avait pas plus de difficulté à supposer qu'ils s'anéantissaient presqu'aussi soudainement après quelques heures par la séparation de ces deux éléments sous l'influence de la chaleur. C'était, en effet, l'opinion de plusieurs philosophes anciens, et on la retrouve, jusque vers la fin du XVIe siècle, professée par des hommes d'ailleurs éclairés ; chez ceux-ci elle est quelquefois un peu modifiée, sans devenir pourtant plus plausible. Ainsi Mathiole, après avoir rapporté ce que dit Pline de grenouilles qui naissent de la vase, et qui, après six mois, retournent en limon, pour ressusciter ensuite au printemps, ajoute la remarque suivante : « A ceci l'expérience est du tout contraire, car tout le long de l'an on trouve des grenouilles aux marais maritimes, qui ne gèlent point. C'est pourquoi je pense que Pline entend de celles qui s'engendrent de la corruption de la terre et de l'eau aux pluies d'été, lesquelles, à la vérité, se dissipent en limon. »

Cette idée qu'une espèce de grenouilles ou de crapauds se résout en limon à l'approche de l'hiver, est l'expression théorique d'un fait mal observé. Quoique, dans les marais où l'eau de la mer pénètre et maintient la température à une certaine élévation, on puisse, comme le dit Mathiole, voir toute l'année nager des grenouilles, il n'en est pas moins vrai que, dans les pays tempérés, les batraciens s'engourdissent vers le commencement de la saison froide ; mais avant que la stupeur les ait saisis, ils ont songé à s'assurer une cachette où ils soient à l'abri, et des rigueurs de la saison, et de la dent de leurs ennemis. Les espèces aquatiques s'enfoncent dans la vase, où quelques-unes pénètrent si profondément, qu'il est bien difficile que le hasard seul les fasse découvrir. Parmi les crapauds de notre pays, le *bombinator*, ou crapaud sonnant, est, à beaucoup près, celui qui se cache le mieux ; Bosc raconte qu'ayant fait fouiller à la bêche une mare où quelques semaines auparavant nageaient des milliers de ces animaux, on n'en trouva d'abord pas de trace, quoique l'instrument à chaque fois s'enfonçât de plus d'un pied dans la vase ; de sorte que si l'on n'eût pas fouillé plus profondément, on eût dû croire qu'il ne restait pas là un seul crapaud, quoiqu'on fût bien certain que pas un n'était parti.

Le crapaud sonnant, quoique le plus petit de nos pays, est à beaucoup près le plus bruyant. Son croassement, dans les soirées d'été, surtout lorsqu'il a plu pendant le jour, s'entend à une grande distance et est d'une monotonie insupportable. Quand donc arrive l'époque où il cesse de chanter, c'est un soulagement pour tout le voisinage, et on le remarque d'autant mieux, que les parages fréquentés par cette espèce ne le sont guère par les autres. Les mares deviennent ainsi tout à coup silencieuses et désertes, et comme on ne voit pas ce qu'ont pu devenir tous ces animaux qui, cependant, six mois plus tard, se rencontrent aussi grands, aussi nombreux et aussi bruyants, je ne doute pas que ce ne soit à eux que se rapporte le passage de Pline dont j'ai parlé plus haut.

Au reste, comme le noble Romain, dans les emprunts qu'il a faits aux Grecs, a commis de nombreux contre-sens, je ne serais pas étonné que l'auteur original eût dit simplement qu'à la fin de l'automne les grenouilles se perdaient dans la vase et ne se retrouvaient qu'au printemps.

Le crapaud sonnant ne se rencontre guère que dans les pays de montagnes, où il vit presque constamment dans l'eau. Un autre qui a aussi, quoiqu'à un moindre degré, des habitudes aquatiques, et qui se trouve aux environs de Paris, c'est le crapaud de Rœsel (crapaud brun de Cuvier). Il est très abondant au printemps dans la mare d'Auteuil où on vient le pêcher la nuit avec des filets. On le coupe par le milieu du corps, et on vend ses cuisses dans nos marchés pour des cuisses de grenouilles.

Dans cette espèce, le têtard reste très longtemps avant de passer à l'état parfait, et il est déjà fort grand qu'il a encore sa queue ; il semble même rapetisser lorsqu'il prend sa dernière forme. Cette diminution de volume d'ailleurs n'est pas à beaucoup près aussi sensible que chez une grenouille de la Guyane, la jakie ; chez celle-ci, la différence est si grande, qu'elle a donné lieu aux premiers observateurs de supposer que c'était la grenouille qui se métamorphosait en têtard, ou, comme ils le disaient, en poisson.

Le crapaud de Rœsel, quand on l'inquiète, répand une forte odeur d'ail ; le crapaud variable, plus rare aux environs de Paris, mais assez commun dans le midi de la France, exhale dans les mêmes circonstances une odeur d'abord ambrée, puis vireuse et semblable à celle de la morelle noire. Le crapaud des joncs ou calamité répand une odeur empestée de poudre à canon.

Quoique tous les crapauds ne soient pas également puants, tous ont quelque chose qui repousse. Leur forme écrasée, leur gros ventre qui traîne sur le sol, leur peau pustuleuse en font des êtres réellement hideux, et on ne doit pas s'étonner qu'ils soient en général un objet d'aversion.

On a dit que leur morsure était dangereuse ; c'est probablement une erreur ; la morsure même ne doit pas laisser de traces, car les mâchoires sont dépourvues de dents ; elle retiennent d'ailleurs très fortement ce qu'elles ont une fois saisi, et c'est pour cela sans doute que les crapauds ont été pris quelquefois pour l'emblème de l'opiniâtreté. Leur urine qu'ils lancent contre ceux qui les poursuivent a été aussi, mais à tort, regardée comme vénéneuse. Quant à la liqueur qui suinte des glandes situées derrière les oreilles et quelquefois des pustules dorsales, il s'en faut bien qu'elle soit aussi innocente que l'ont prétendu quelques naturalistes modernes.

Cardan dit qu'on peut donner la gale à un homme en lui faisant porter une chemise lavée dans de la saumure où on aura fait périr un crapaud. Je ne doute point que cette odieuse recette n'ait été autrefois essayée par esprit de vengeance, et je ne serais pas surpris qu'elle eût jusqu'à un certain point réussi, c'est-à-dire qu'il en fût résulté une éruption cutanée. Schelhammer rapporte, dans les Éphémérides des curieux de la nature (année 1687), qu'un enfant fut atteint d'une éruption très grave parce qu'un autre enfant lui avait tenu pendant quelques instants un crapaud devant la bouche.

Les chiens semblent connaître l'effet irritant de la liqueur qui exsude de la peau des crapauds, et quoique presque tous, hors ceux qui ont été dressés pour la chasse, poursuivent ces animaux lorsqu'ils les voient s'enfuir devant eux, ils se contentent le plus souvent, après les avoir atteints, de les arrêter en leur mettant la patte sur le corps ; tout au plus leur donnent-ils un seul coup de dents. Il n'y a que les plus ardents bouldogues qui mordent un crapaud à plusieurs reprises ; mais quand ils ont fait un pareil exploit, on ne tarde guère à s'en apercevoir au gonflement de leurs lèvres et au malaise qu'ils manifestent. Ils se frottent le museau, secouent la tête comme s'ils étaient assaillis par un essaim de guêpes et font entendre des gémissements qui expriment à la fois l'impatience et la douleur.

J'ai vu dans la montagne de Quindiù, en Amérique, un chien se précipiter sur un petit crapaud et l'avaler tout d'un trait ; mais le pauvre animal était à ce moment pressé d'une faim qui devait lui faire surmonter ses répugnances habituelles : depuis plus de cinq jours il n'avait rien mangé. Au reste, ce repas ne lui fut guère profitable, car après deux heures de souffrances, il rejeta le crapaud entier et enveloppé comme dans un sac de mucosités épaisses. Cette sécrétion par sa nature, comme par son abondance, était un indice de l'extrême irritation qu'avait causée dans l'estomac du chien la liqueur exsudée de la peau du reptile. Mon guide cependant interpréta le fait d'une manière toute différente : « voilà mon chien purgé, dit-il, en passant tout d'un coup de l'inquiétude à la joie, et désormais il va se porter mieux qu'il n'a fait de sa vie ; voyez, toutes les mauvaises humeurs qu'il avait dans le corps se sont réunies autour du crapaud, et l'en voilà débarrassé. C'est un fait bien certain, ajouta-t-il, que toutes les choses semblables s'attirent entre elles, et vous en avez ici la preuve ; pour moi, il y a longtemps que j'en suis convaincu, aussi je ne permets pas que dans ma maison on inquiète les crapauds, les geckos ou les araignées. Ces animaux sont comme des éponges qui absorbent ce qu'il y a de mauvais dans l'air et le purifient pour notre usage. Ce n'est pas sans dessein, croyez-le bien, que la Providence leur a inspiré le désir de s'approcher de nos demeures. »

C'est ainsi que raisonnait mon guide, et c'est ainsi qu'ont souvent raisonné des hommes qui dans leur temps étaient écoutés comme des oracles. Il n'avait pas cependant puisé ses idées dans leurs écrits, car il ne connaissait pas une lettre, et n'avait jamais vu d'autre livre que le bréviaire de son curé. Au reste, pendant quinze jours que je parcourus avec lui la montagne de Quindiù, je l'entendis souvent émettre sur divers points de philosophie religieuse ou de philosophie naturelle des opinions que j'avais rencontrées ailleurs, mais que je ne m'attendais guère à retrouver chez un vieux nègre ignorant.

La montagne de Quindiù ne passe pas pour avoir des crapauds

plus venimeux que le reste de la Nouvelle-Grenade : mais une autre montagne du même pays, celle de Tatama au Choco est au contraire très célèbre sous ce rapport. L'espèce que l'on considère comme particulièrement redoutable est très petite, et le corps n'a guère plus d'un pouce et demi de longueur ; la couleur est pour les parties supérieures d'un noir foncé avec des dessins bizarres en orangé vif. L'animal semble être vêtu d'un *san-benito* semé de flammes, et tout son aspect a réellement quelque chose de diabolique.

Les crapauds de cette espèce vivent, à ce qu'il paraît, pendant la plus grande partie de l'année dans de profondes retraites ; du moins on ne les voit apparaître à la surface que pendant la saison des pluies ; mais alors ils se montrent en si grande abondance, qu'on ne peut, pour ainsi dire, faire un seul pas sans être exposé à en fouler aux pieds. Lorsque approche le temps de leur apparition, on voit arriver de tous les côtés des Indiens sauvages, et il y en a qui viennent de fort loin. Ils ont préparé d'avance quelques brochettes de bambou, et une grande quantité de flèches faites des fibres du pétiole de certains palmiers. Ces flèches destinées à être lancées avec la sarbacane n'ont pas plus de dix-huit pouces de long et à peine une ligne de diamètre ; elles sont extrêmement acérées, et, lancées par un habile tireur, elles peuvent, à vingt pas, pénétrer dans les chairs d'un animal jusqu'à un pouce ou un pouce et demi de profondeur.

En arrivant, le premier soin de l'Indien est de construire une sorte d'échafaudage sur lequel il puisse dormir sans crainte des serpents qui dans ce canton, et même dans tout le Choco, sont très nombreux et très redoutables ; puis de mettre à l'abri ses provisions qui consistent habituellement en chairs boucanées de singe, de pécari ou de tapir. C'est l'affaire de quelques heures seulement. Le lendemain de grand matin, après avoir ranimé son feu, il va à la recherche des crapauds. Dès qu'il en aperçoit un, il l'arrête en plaçant sur le corps le pouce du pied gauche, puis il embroche l'animal d'arrière en avant, et continue ainsi jusqu'à ce que toutes les brochettes dont il s'était muni soient garnies chacune d'une demi-douzaine de crapauds. Alors ils revient vers son gîte. Prenant successivement chaque brochette, il la présente au feu de manière à ce que le dos de tous les crapauds soit tourné de ce côté.

Dès que ces animaux, qui sont encore vivants, sentent la chaleur, ils se couvrent de la liqueur laiteuse dont j'ai parlé, et qui est chez eux plus abondante que chez toutes les autres espèces. L'Indien en enduit aussitôt la pointe de ses flèches, puis les pique séparément par le bout opposé dans un morceau d'argile molle, de manière à ce qu'en séchant elles ne soient point exposées à se coller entre elles. La même opération se continue jusqu'à ce que le sauvage ait préparé la quantité de flèches qu'il croit pouvoir employer pendant l'année. Quelques-uns cependant restent aussi longtemps qu'on voit des crapauds, et à la fin de la saison ils ont une provision considérable dont ils se défont ensuite aisément par voie d'échanges. Ces flèches en effet sont fort recherchées, car elles tuent aussi sûrement et aussi vite que celles qu'on prépare avec le curare dans les provinces situées à l'est de la Cordillère. Une seule suffit pour tuer dans une ou deux minutes un animal gros comme un renard.

Il arrive quelquefois qu'au lieu d'empoisonner directement les flèches, on recueille le suc vénéneux en raclant avec un couteau de bois le dos de l'animal. Ce moyen a été aussi employé dans l'ancien monde pour se procurer un poison, et il est indiqué par le scholiaste de Nicandre. Seulement, pour favoriser l'exsudation de la liqueur, cet écrivain dit qu'on doit piquer les pustules, tandis que les Indiens, dans la même intention, présentent, comme je l'ai dit, le dos de l'animal au feu. Je crois que leur procédé remplit mieux le but [4].

Le venin des crapauds de notre pays n'est pas à beaucoup près aussi actif que celui des crapauds de Tatama ; cependant j'ai vu, dans des expériences qui se faisaient chez M. le professeur Magendie, tuer un cochon d'Inde en le piquant légèrement d'un scalpel, dont la pointe avait été chargée de l'humeur laiteuse exsudée de la peau d'un crapaud. Dans d'autres circonstances, l'expérience n'a pas réussi sans que l'on ait pu déterminer à quoi tenait cette différence dans les résultats ; au reste, même dans un de ces cas, on eut la preuve que la liqueur n'était rien moins qu'innocente, et l'expérimentateur s'en étant fait jaillir dans l'œil une goutte presque imperceptible, sentit aussitôt une douleur très vive ; son œil devint rouge comme l'écarlate et resta ainsi plusieurs jours.

On croyait autrefois le poison des crapauds non-seulement très actif, mais encore très subtil ; témoin le fait suivant rapporté par le cardinal Ponzett, qui le tenait d'un témoin occulaire. Un paysan, disait-il, trouvant des vaches dans son champ de blé, prit pour les en chasser un roseau qui portait un crapaud embroché. Il le prit par le bout opposé, et cependant, étant rentré chez lui pour dîner, à peine eut-il commencé à porter les aliments à sa bouche, qu'il fut pris de vomissements. Au bout de quelque temps, se sentant remis, il voulut recommencer à manger ; aussitôt retour des mêmes accidents qui se répétèrent jusqu'à ce qu'il eût pris le parti de se servir des mains d'un autre pour recevoir chaque bouchée. On jugea, ajoute le cardinal, que la nature spongieuse du roseau avait permis au poison de s'étendre jusqu'à l'extrémité opposée et de se communiquer aux mains de l'homme. Ce qui rendait, suivant notre auteur, le venin de l'animal plus dangereux, c'est qu'il était mort en colère. « Cette circonstance, ajoute-t-il, influe beaucoup sur l'activité du poison ; aussi, ceux qui veulent se servir, pour commettre quelque crime, de la bave du crapaud, ont coutume de suspendre l'animal par les pieds au-dessus d'un vase destiné à recevoir le liquide virulent, et de le battre jusqu'à ce qu'il ait perdu la vie. »

C'était par un moyen analogue, mais en prenant un cochon au lieu d'un crapaud, qu'on obtenait, disait-on, la célèbre *Agua tofana*.

Si l'on a été pendant longtemps fort au-delà du vrai relativement aux propriétés malfaisantes du crapaud, on a depuis péché par l'excès contraire, et aujourd'hui même, ainsi que je l'ai dit, beaucoup de naturalistes regardent cet animal comme incapable de nuire en quelque manière que ce soit. C'est une erreur qui peut avoir ses inconvénients et qu'il est bon de signaler. Le célèbre chimiste Davy ne la partageait pas, et partant de l'idée très sensée que la croyance populaire ne s'était pas établie sans quelque fondement, il entreprit un examen de la liqueur laiteuse exsudée par la peau du crapaud. Il y découvrit un principe fort acre agissant sur la langue comme l'extrait d'aconit préparé dans le vide, et excitant, même quand on l'applique sur la peau de la main, un sentiment de brûlure qui dure plusieurs heures. Le suc lui-même produit des effets semblables, mais souvent moins puissants en raison du plus ou moins d'albumine qui s'y trouve toujours mêlé.

Davy, voulant savoir quel serait l'effet de cette liqueur portée dans la circulation, piqua un poulet avec une lancette dont la pointe avait été chargée de l'humeur laiteuse. Il n'en résulta aucun accident ; nous avons dit qu'une expérience semblable faite sur un animal plus petit avait réussi, mais une fois seulement : la question mériterait d'être examinée de nouveau.

Davy trouva le principe vénéneux non-seulement dans la liqueur des pustules, mais encore dans le fluide visqueux qui enduit la langue, et même dans le sang, quoique en très petite quantité. Le célèbre chimiste croit pouvoir attribuer à cette sécrétion un double usage. D'abord elle peut servir à protéger, contre les attaques des carnassiers, l'animal qui du reste trouve déjà une défense dans l'épaisseur de sa peau [5]. En second lieu, comme le fluide est très inflammable, on peut le regarder comme une excrétion par le moyen de laquelle le sang se décarbonise. L'appareil glanduleux serait ainsi un auxiliaire du poumon, et en effet, Davy a remarqué qu'il reçoit un rameau considérable des artères pulmonaires. Le docteur Edwards avait déjà prouvé, par d'autres considérations, que la peau chez les batraciens est un organe respiratoire ; les deux observations s'appuient donc mutuellement.

Quoique chez les Romains le crapaud fut considéré comme un être malfaisant, on tenait pour bon augure d'en rencontrer un dans son chemin. Il paraîtrait que nos ancêtres les Francs avaient la même opinion, puisqu'au rapport de plusieurs historiens, leur étendard portait originairement trois crapauds noirs sur champ d'azur. Clovis commença par les avoir d'or ; puis, après sa conversion à la religion chrétienne, il y substitua les fleurs de lis.

S'il est vrai que le conquérant, en changeant de croyance, ait cru devoir changer d'armes, il l'a fait sans doute pour ne pas blesser les préjugés religieux de ses nouveaux sujets. Le crapaud, en effet, non-seulement entrait dans beaucoup de maléfices, mais il était fortement soupçonné de prêter sa figure au démon quand celui-ci, pour des raisons particulières, préférait ne pas se montrer avec les cornes, la queue et le pied fourchu. Il y avait une foule d'histoires qui confirmaient cette opinion. Je me contenterai d'en citer une qui à la vérité ne remonte pas tout-à-fait aux premiers temps de la monarchie française, mais ne laisse pas cependant que d'être assez ancienne.

Cette anecdote se trouve dans un livre très singulier

intitulé : *Bonum universale de apibus* ; l'auteur, Thomas de Catinpré, vivait au commencement du XIIIe siècle ; mais la plupart des histoires qu'il a réunies paraissent empruntées à des écrivains d'une époque fort antérieure.

Autrefois, dit-il, vivait en Normandie un riche bourgeois qui, n'ayant qu'un fils, eut la malheureuse idée de l'allier à une grande famille, et demanda pour lui, en mariage, la fille d'un gentilhomme. La fortune du bonhomme, qui était considérable, tenta les parents de la demoiselle et les fit consentir à cette union ; mais ils exigèrent que les nouveaux mariés fussent mis sur-le-champ en possession de tous les biens ; cela était, disait-on, indispensable, pour que le fils, s'il ne devenait pas noble par cette alliance, pût au moins vivre noblement. Le vieillard consentit à tout ; il n'avait pas lu *les Deux Gendres*, pas même *Conaxa*, et ce fut tant pis pour lui, car son sort fut exactement celui du beau-père dans les deux pièces que je viens de nommer. Bientôt dans la maison qui lui avait appartenu il ne se trouva pas une seule chambre dont sa belle-fille le laissât en paisible possession, et il fut relégué avec sa vieille femme dans un réduit obscur attenant à la cuisine. Si leur logement était mauvais, leur nourriture l'était encore plus, et les restes des valets semblaient presque trop bons pour eux. Le fils, qui d'abord n'avait fait que céder à regret aux instances de sa noble moitié, devint bientôt aussi dur qu'elle et ses parents craignirent de lui rien demander.

Un jour la pauvre vieille, qui avait excusé son fils aussi longtemps qu'elle avait pu, et qui d'ailleurs souffrait moins pour elle-même que pour son mari des privations qui leur étaient imposées à tous deux, sentit de son bouge l'odeur d'une oie qu'on rôtissait à la cuisine. C'était le plat qu'elle servait à son mari lorsque dans leur bon temps elle voulait le régaler. Mon ami, lui dit-elle, pourquoi n'irais-tu pas prendre ta part de ce morceau ? tes enfants ne pourraient le trouver mauvais ; tiens, voilà ton meilleur habit ; grâces aux reprises que j'y ai faites hier, il est encore présentable. Va, dépêche-toi ; si je n'y vais pas moi-même, c'est que je n'ai pas aujourd'hui d'appétit.

Le vieillard se laissa persuader ; il venait de voir apporter l'oie, et pourtant lorsqu'il entra, elle était déjà disparue ; on avait reconnu ses pas, et le fils s'était empressé de cacher le plat sous un lit. Le père, dit mon auteur, ne fut pas peu surpris de voir qu'une oie sans plumes eut pu s'envoler ainsi ; il balbutia quelques mots et se retira bientôt, pénétré de douleur à cette nouvelle preuve de dureté. A peine fut-il parti, que le fils s'empressa de retirer le plat du lieu où il l'avait caché ; mais qu'aperçut-il ? Sur cette oie était étendu un énorme crapaud qui le regardait avec des yeux flamboyants, et qui tout d'un coup, s'élançant vers lui, se cramponna à son visage. Tous les efforts qu'on fit pour le délivrer restèrent longtemps impuissants et ne servirent qu'à redoubler ses douleurs. Il semblait devoir périr dans cet horrible supplice, et il ne dut sa vie qu'aux prières d'un saint homme qui, après avoir obtenu de lui l'aveu de ses fautes et la promesse de les réparer, exorcisa l'animal impur, et l'obligea à regagner l'enfer d'où sans doute il était venu.

Adam Weber, dans ses *Délices de l'histoire*, conte qu'un certain avocat, orateur renommé, mais qui n'employait guère son éloquence qu'à faire triompher l'injustice, étant mort sans avoir fait pénitence, on vit, lorsqu'on s'apprêtait à l'ensevelir, un horrible crapaud attaché à cette langue, dont il avait fait un si mauvais usage. Weber cite le fait comme un exemple des châtiments de Dieu envers les coupables impénitents : j'y verrais plutôt un avertissement pour les faibles, une mercuriale muette adressée aux jeunes membres du barreau.

Je suis persuadé que ce dernier conte repose, comme plusieurs de ceux que j'ai déjà eu occasion d'examiner, sur une simple équivoque. Les médecins, en effet, désignent sous le nom de grenouillette une maladie que les Latins appelaient de même renia ; or, cette maladie consiste dans une tumeur plus ou moins volumineuse qui se manifeste à la base de la langue et en gène le mouvement. D'après ce que je viens de dire, on conçoit fort bien qu'un dialogue tel que le suivant aura pu avoir lieu.

— *Un malade.* « Eh ! docteur, que vous venez tard ! il y a deux heures que je vous attends. »

— *Le médecin.* « J'ai été appelé précipitamment pour l'avocat A.... qui venait d'être frappé d'apoplexie ; quand je suis arrivé, il était déjà mort. Ce qui est singulier, c'est que je lui ai trouvé la grenouillette sous la langue, et jamais pourtant il ne s'en était plaint. »

— *Le malade.* « Il aurait craint qu'on ne dît qu'il était puni par où il avait péché. »

— *La garde-malade sortant précipitamment et descendant chez la portière*. « Ah ! ma chère, je suis encore toute tremblante.... si vous saviez la nouvelle que je viens d'apprendre.... ce méchant avocat A.... vient de mourir.... on lui a trouvé une gren.... un crapaud, un gros crapaud sur la langue. C'est très certain, c'est le docteur B.... qui l'a vu et qui vient de me le conter. Il dit bien que c'est une punition du bon Dieu. »

Il a bien pu arriver cependant qu'on ait réellement observé des crapauds fixés sur le visage d'un mort auquel on avait négligé de donner la sépulture. C'était, si l'on veut, quelque duelliste tué sur le coup et abandonné par ses témoins qui avaient craint pour eux-mêmes la rigueur des édits. Le paysan qui après quelques jours arrivait là par hasard, et trouvait dans cet état les restes d'un homme dont le dernier acte avait été une violation des lois divines et humaines voyait tout naturellement dans le crapaud le diable lui-même qui était venu prendre possession de sa proie.

Si c'était sur le cadavre d'un animal que se montrait le reptile, le fait ne pouvait être interprété de la même manière, mais les gens amoureux de merveilleux trouvaient toujours de quoi satisfaire leur penchant. Un chasseur trouve parmi les joncs d'un marais un canard qui lui paraît d'abord fraîchement tué. Lorsqu'il se baisse pour le saisir, il voit s'échapper d'entre les plumes un crapaud, et s'aperçoit que l'oiseau est déjà tout pourri ; il ne soupçonne pas que le crapaud est venu là pour se nourrir des vers qui fourmillent dans les chairs corrompues, et il suppose plutôt qu'il est né de la corruption même. Il communique ses doutes à un philosophe qui trouve la conjecture très bien fondée, et fait remarquer que le canard pendant sa vie mangeant quelquefois des crapauds, il est non-seulement possible, mais vraisemblable qu'il subira cette transformation après sa mort ; car, dit-il, les éléments une fois redevenus libres par la dissolution d'un corps tendent toujours à reprendre la forme qu'ils avaient eue avant celle-là.

C'est Paracelse qui fait ce beau raisonnement. Au reste, la transmutation admise, on trouva mille raisons qui la rendaient nécessaire. Je ne m'arrêterai point à examiner ces diverses théories, mais je ne puis me dispenser de citer l'opinion du canard lui-même. Voici comment il s'exprime dans des vers qu'écrivit sous sa dictée un ministre allemand au commencement du XVIIe siècle.

« Buffones gigno putridâ tellure sepultus
« Humores pluvii fortè quod ambo sumus,
« Humet is et frjget ; mea sic vis humet et alget,
« Cum perit in terra qui priùs ignis erat.

De même qu'on avait diverses théories pour la transmutation des canards en crapauds, on avait aussi différents procédés pour l'obtenir. Les uns, comme je l'ai dit, pensaient qu'il suffisait de laisser pourrir l'oiseau à la surface du sol, tandis que d'autres voulaient qu'on l'enterrât profondément ; quelques-uns faisaient naître les crapauds en cave comme on y fait venir les champignons. Cardan avait inventé un moyen plus économique ; on pouvait faire un pot-au-feu avec le canard et manger sa chair, puis on n'avait qu'à verser le bouillon sur de la terre convenablement préparée, on était certain d'y voir bientôt pousser des petits crapauds. Ezler, médecin allemand du XVIIe siècle, assure dans son *Isagoge Physico-medico-magica*, qu'on en obtient aussi sûrement en faisant digérer pendant un mois à une chaleur convenable des œufs de canard ; il affirme avoir répété mainte fois cette expérience et toujours avec un plein succès.

S'il était autrefois généralement admis que dans des circonstances particulières, il pouvait se former des crapauds dans un corps mort ; on ne doutait pas non plus qu'il ne s'en développât quelquefois dans l'intérieur d'un corps vivant, et il y avait à l'appui de cette opinion un grand nombre d'histoires dont quelques-unes portaient tous les signes de l'authenticité. Des gens d'un caractère irréprochable affirmaient en avoir rejeté par les selles ou par les vomissements, et je ne doute pas qu'ils ne crussent dire la vérité.

On sait que l'hypochondrie, lorsqu'elle est portée à un haut degré, touche de bien près à l'aliénation mentale. Le malheureux qui en est tourmenté voit la société, la nature entière conjurée contre lui ; qu'il ait songé une fois à un événement qui pourrait lui devenir contraire, quelque improbable que soit la chose, il la supposera possible, et bientôt la croira certaine.

Ces folles imaginations qui varient suivant les individus, ne sont pas, comme le supposent quelquefois les personnes étrangères à la médecine, les seuls symptômes de l'hypochondrie. La maladie a des symptômes physiques qui tiennent plus directement à sa cause, et qui sont toujours à peu près les mêmes ; tels sont un sentiment de pesanteur au-dessous des côtes et à la région de l'estomac, des mouvements tumultueux dans cette partie, des douleurs comme celles qui résulteraient d'égratignures à l'intérieur des viscères, enfin souvent des bruits singuliers, et qui quelquefois ressemblent assez bien au coassement d'une grenouille ou d'un crapaud. Il ne faudra donc pas grand effort au pauvre malade pour qu'il se persuade avoir une légion de ces animaux dans l'estomac. Il ne manquera pas d'arguments pour le prouver à ceux qui l'entourent, et il réussira quelquefois à les convaincre. « S'il se développe des vers dans l'intérieur de notre corps, dira-t-il, pourquoi ne s'y développerait il pas des grenouilles ? Lorsque vous entendez un coassement sortir d'un marais, vous n'avez pas besoin de voir l'animal, et vous savez quelle est la cause du bruit ; pourquoi voulez-vous chercher une autre cause pour le croassement qui sort de mon corps ? Non-seulement vous entendez ces grenouilles, mais vous pouvez presque les loucher ; placez la main sur mon côté, vous verrez qu'en ce moment même elles s'agitent. Il y a quelque chose pourtant que vous ne sentirez pas et que moi je sens constamment, c'est le déchirement de mes entrailles par leurs ongles aigus. » Je ne fais guère ici que répéter les paroles que j'ai moi-même entendues, et il y a peu de médecins qui n'aient été obligés d'écouter de semblables plaintes.

Il arrive assez souvent que, pour ces sortes de maladies, le traitement le mieux dirigé reste impuissant, parce que l'affection mentale, qui d'abord n'était qu'effet, devient cause à son tour, et contribue à entretenir le désordre corporel. Dans ces cas, il faut que le médecin cherche à guérir l'esprit en même temps que le corps.

Ainsi, pour le malade qui se plaindra d'avoir des grenouilles dans l'estomac, on devra, si c'est un homme capable de suivre un raisonnement, ou de profiter d'une observation, chercher à lui faire comprendre la nature et la cause des mouvements qu'il sent à l'épigastre et des bruits qu'il entend ; si c'est au contraire un homme inaccessible à la conviction, le mieux sera de lui persuader qu'on a un moyen de faire sortir ces animaux, et il n'y aura aucun mal à le tromper par quelque tour de passe passe, pour lui prouver que le moyen a réussi. C'est ce qu'on a fait quelquefois ; après avoir donné par exemple à l'hypochondriaque un purgatif violent, on a placé dans le bassin de sa chaise quelques petites grenouilles mortes ou vivantes, et on s'est bien gardé de mettre les parents où les amis du malade dans le secret, car un mot imprudent de leur part pourrait, même après un temps assez long, ramener tous les accidents. On aura de cette façon vingt personnes honorables toutes prêtes à lever la main pour attester un fait faux.

Les médecins des siècles passés se sont quelquefois montrés sur ce point aussi crédules que les malades, et ils ont mis leur esprit à la torture pour inventer des remèdes propres à chasser les grenouilles ; je me contenterai d'en indiquer un seul, qui était fondé sur l'antipathie qu'on supposait exister entre les grenouilles ou crapauds et les diverses espèces de serpents.

Si on avait pu introduire une couleuvre dans le corps, comme on introduit un chat dans un grenier infesté de rats, nul doute que les crapauds n'eussent aussitôt quitté la place. Malheureusement le moyen était impraticable ; mais on se rappela que la seule odeur du chat faisait fuir les souris : l'on pensa que celle du serpent ne pouvait manquer d'avoir la même influence sur les crapauds. D'après cette idée, on inventa la formule suivante :

On prend un serpent, et après en avoir retranché la tête et la queue, on l'écorche et on le fait sécher à l'ombre. On coupe le corps par tronçons, qu'on fait bouillir dans l'eau, et on recueille l'huile qui monte à la surface. Cette huile, dont l'odeur est très prononcée, doit être prise sur-le-champ par le malade ; les crapauds, assure-t-on, ne l'auront, pas plus tôt sentie, qu'ils s'empresseront de fuir du côté opposé, pensant avoir déjà l'ennemi à leurs trousses.

C'est Gesner qui donne cette recette d'après un manuscrit allemand. Gesner croyait possible que des batraciens vécussent dans l'estomac d'un homme. Il n'admettait pas qu'ils y naquissent spontanément ; mais il croyait que des œufs, déposés dans l'eau d'un marais, pouvaient être avalés par mégarde, et éclore ensuite dans les intestins.

On a prétendu que des femmes avaient vu quelquefois se développer dans leur sein, au lieu d'un enfant, un crapaud ; et dans le temps, où l'on croyait aux incubes, on pensait généralement que ces enfantements monstrueux indiquaient un commerce de la mère avec le démon. Tous les crapauds, quelle que fut leur origine, étaient propres à figurer dans les opérations magiques ; mais ceux dont nous parlons y convenaient plus particulièrement à raison de la parenté présumée. Cependant les sorciers qui voulaient les faire entrer dans des charmes très puissants, cherchaient à augmenter leurs facultés malfaisantes en les rendant l'objet des plus horribles profanations qu'ils pouvaient inventer. Comme échantillon de ce que ces misérables insensés souhaitaient faire, je donnerai l'histoire suivante que j'ai trouvée dans Paullini.

Un prêtre, qui voulait se venger d'un gentilhomme, alla consulter une sorcière sur les moyens d'y parvenir. Celle-ci lui montra un crapaud qui était né, disait-elle, d'un commerce diabolique, et qu'elle conservait dans un vase de terre ; par son conseil, le prêtre baptisa le crapaud à la manière ordinaire, puis lui donna à dévorer une hostie consacrée ; l'animal, après cela, fut brûlé vif. Les cendres, soigneusement recueillies, furent répandues sur un mets qu'on servit à la table du gentilhomme, ce qui le fit périr lui et toute sa famille. Il semble qu'on eût pu se procurer, par des moyens beaucoup plus simples, un poison qui eût produit le même effet.

Bodin, dans sa *Démonomanie des Sorciers*, cite des histoires toutes semblables, et donne pour garans Monstrelet et Froissart. « Pendant que j'escrivois ceci, ajoute-t-il, on m'advertit qu'une femme enfanta d'un crapaut près de la ville de Laon. De quoi la sage-femme estonnée, et celles qui assistèrent à l'enfantement déposèrent, et fut apporté le crapaut au logis du prevost, que plusieurs ont veu différent des autres. »

Voilà une sorte d'information juridique, et de laquelle, il résulte que ce prétendu crapaud était *différent des autres*. Ce n'était évidemment qu'un fœtus acéphale venu avant terme, et qui peut-être, mort depuis plusieurs jours, avait déjà pris une teinte plombée. Les personnes qui ont eu lieu d'observer souvent ces produits monstrueux de la conception, concevront fort bien comment un petit être, quelquefois long seulement de quatre ou cinq pouces, qui offre des yeux saillants placés presque au sommet de la tête, une large bouche sans lèvres distinctes, un gros ventre et de petits membres mal formés, a pu, aux yeux de personnes ignorantes, passer pour une sorte de crapaud.

Je me suis encore une fois, et sans m'en apercevoir, engagé dans les vieux contes ; il est nécessaire de finir et d'arriver aux pluies de grenouilles.

Un grand nombre d'auteurs anciens ont parlé de ces pluies. Phylarque, cité par Athénée, dit que le fait est arrivé plus d'une fois ; l'historien Héraclide rapporte que dans certains cantons de la Péonie, il en tomba en grande abondance, et que ces animaux, mourant pour la plupart sur le lieu même, répandirent dans l'air un telle infection, que les habitants, menacés de la peste, prirent le parti d'émigrer. Suivant Diodore de Sicile et suivant Elien, autant en était arrivé à un peuple de l'Inde, les Autariates ou Attariotes, avec cette seule différence que chez eux il était tombé plus de têtards à demi métamorphosés que de grenouilles à l'état parfait.

Théophraste, ainsi que je l'ai dit, ne croyait point aux pluies de grenouilles, mais puisqu'il a pris la peine de combattre cette opinion, c'est une preuve qu'elle était alors assez en crédit. Dans une dissertation *ex professo* sur les animaux qui apparaissent soudainement, il passe en revue les diverses causes auxquelles on peut attribuer ces phénomènes, et il est conduit à les ranger en plusieurs classes. « Certains animaux, dit-il, se montrent tout à coup en grande abondance, parce qu'il s'est trouvé quelque circonstance accidentelle très favorable à leur production ; c'est ainsi que dans les lieux qui ont servi d'emplacement à un camp ou à un marché, aussitôt que les immondices cessent d'être agitées, elles donnent naissance à des quantités innombrables de mouches. Dans d'autres cas, au contraire, les animaux ne viennent pas de naître au moment où on commence à les voir ; ils existaient déjà depuis plus ou moins longtemps. Telles sont les grenouilles qui apparaissent quelquefois après la pluie ; car il ne pleut pas des grenouilles comme beaucoup de gens le croient ; celles qu'on voit à la surface du sol, après les orages dont j'ai parlé, ne viennent pas d'en haut, mais d'en bas ; elles étaient cachées sous terre, et quittent leur retraite lorsque l'eau commence à y pénétrer. »

L'opinion de Théophraste eut peu de partisans, et dans le moyen-âge, par exemple, les écrivains qui rappellent les apparitions subites de grenouilles admirent constamment que les animaux étaient tombés du ciel. Malheureusement ils parlent de ces phénomènes en termes si vagues, qu'il est impossible de savoir si le fait doit être interprété à leur manière ou à la manière de Théophraste, laquelle, il faut en convenir, est applicable dans neuf sur dix des cas où l'autre explication est proposée.

Les écrivains de la renaissance ne sont guère plus précis, et c'est beaucoup s'ils indiquent le lieu et la date de l'événement. Engel, dans les *Annales du Brandebourg*, en cite un cas pour l'année 1334, et Wolf, dans ses *Lectiones memorabiles*, un pour l'an 1346. Mais ni l'un ni l'autre ne donne les détails dont on aurait besoin. Le dernier, d'ailleurs, ne m'inspire pas grande confiance, car il semble dire qu'il a tiré le fait d'un ouvrage de Barthélémy de Lucca ; or, le seul écrivain que je connaisse sous ce nom, est un évêque de Torcello, mort en 1327. Je ne vois pas trop comment cet évêque, qui ne passa jamais pour un saint (à telles enseignes qu'il fut excommunié) aurait pu attester un événement survenu neuf ans après sa mort.

Olaus Magnus, dans son livre sur les nations du nord, traite plusieurs fois la question, mais toujours en termes généraux. Ce qui l'occupe surtout, c'est de trouver une explication pour le phénomène, et non d'en prouver la réalité ; il ne lui vient pas à l'esprit que le fait puisse être contesté.

Suivant lui, c'est des exhalaisons terrestres fécondées par l'action du soleil, que se forment au milieu des airs les différents êtres organisés qui retombent ensuite sur la terre. « Ce phénomène, dit-il, s'observe dans nos pays septentrionaux tout aussi bien que dans les autres, et peut-être même y est plus commun, à cause de la grande abondance de mines, d'où s'élèvent des vapeur sulfureuses. Quoi qu'il en soit, il n'est pas rare de voir tomber des nues tantôt des insectes, tantôt des grenouilles ou des poissons, quelquefois des grains de froment, d'autres fois des semences d'une plante légumineuse, qui, mises en terre, germent et portent des fleurs bleues. Nos livres modernes d'histoire, ajoute-t-il, négligent le plus souvent de mentionner ces faits, qui arrivent à des époques indéterminées, et auxquels on n'attache plus la même importance qu'autrefois ; mais on en a recueilli un grand nombre dans un livre récemment publié à Nuremberg. »

Dans ce passage (livre XX, chap. 50) et dans un autre (livre XVIII, chap. 20), il parle de lemmings qu'on aurait vu tomber tout vivans dans divers cantons de l'Helsingie et dans les provinces voisines du diocèse d'Upsal. « Il paraît, dit-il, qu'ils auront été enlevés de terre par quelque coup de vent et transportés ainsi de pays peut-être fort éloignés jusqu'en ceux où l'orage venant à éclater, ils tombent avec la pluie. Ils ont dû faire le trajet en très peu de temps, puisque ceux qu'on saisit au moment où ils viennent de toucher la terre ont dans l'estomac des herbes non encore digérées. »

Il est étrange que l'archevêque n'ait pas songé à rapporter à la même cause toutes les pluies d'êtres organisés. Cardan, au contraire, l'a trop généralisée en voulant l'appliquer même aux cas des pierres tombées du ciel ; voici en effet comme il s'exprime an livre xvi de son traité *De subtilitate*.

« Les effets que peut produire la force des vents sont véritablement prodigieux. Sur le sommet des montagnes, en particulier, leur violence est extrême, et j'ai pu en juger par moi-même une fois que je traversais l'Apennin. Un coup de vent m'emporta mon chapeau, que je vis fuir loin de moi avec la rapidité du carreau lancé par l'arbalète. Peu s'en fallut qu'il n'allât tomber avec la pluie dans une des *villas* voisines, ce qui eût fait sans doute crier au miracle. Ce vent était si fort qu'il rejeta en côté, de près de deux pas, le cheval que je montais, et je vis le moment où nous allions être précipités tous les deux du haut en bas des rochers. J'avais lu dans le Poge que la ville de Borghetto avait été renversée par le vent ; qu'il en avait été de même de la chapelle de Sainte-Rosine, et qu'un cabaret avait été transporté tout entier à une assez grande distance du lieu où il avait été construit. Je regardais cela comme fabuleux, mais, depuis ce qui m'est arrivé à moi-même, je suis très disposé à y croire. Il n'y a donc pas lieu de s'étonner s'il pleut parfois des grenouilles, de petits poissons et des pierres, car les grenouilles et les poissons auront été pris par quelque ouragan dans les marais et les lacs placés au sommet de quelque montagne ; quant aux pierres, elles auront été enlevées à l'état de poussière, puis lèvent venant à comprimer violemment ces particules désagrégées, les aura forcées à s'unir en masses solides. Ce qui me semble confirmer cette conjecture, c'est que c'est presque toujours au pied des hautes montagnes on dans les vallées voisines qu'on a observé ces pluies étranges. »

Rondelet, dans son *Histoire des animaux aquatiques*, consacre un chapitre à la grenouille qui tombe du ciel, et examinant successivement les diverses hypothèses proposées à ce sujet, il s'arrête à celle que nous avons déjà vue, avancée par Olaus Magnus. « C'est, dit-il, au milieu des pluies et des tempêtes que nous arrivent ces sortes de grenouilles lesquelles ressemblent pour la forme à la *rana rubeta*, ainsi que l'avait déjà remarqué Aristote. Elles se forment au sein des nues, d'où elles retombent ensuite sur la terre. Quelques personnes à la vérité conçoivent différemment la chose, et disent que ce sont de petites grenouilles des marais qui ont été enlevées soit par l'action des astres, soit par la violence des vents, et qui retombent après un certain temps ; elles allèguent à l'appui de leur opinion que la chose n'arrive que lorsque le temps est à l'orage et à la pluie. Il y a enfin des gens qui nient absolument que ces animaux nous viennent d'en haut ; suivant eux, ce seraient tout simplement des crapauds qui font leur demeure ordinaire sous terre, et qui en sortent quand ils sentent approcher l'orage ; mais cette manière de voir est démentie par l'expérience journalière et par le témoignage des plus graves écrivains. Le fait est merveilleux sans doute, mais la nature est pleine de merveilles que nous n'expliquons pas plus que celle-là et qu'il nous font pourtant admettre. »

Plusieurs naturalistes après Rondelet soutinrent encore l'ancienne opinion, ou eurent occasion de citer de nouveaux faits qui pouvaient la confirmer. Ainsi, Paullini, qui écrivait vers la fin du XVIIe siècle, parlant des envies de femmes grosses, dit qu'une paysanne enceinte voulut qu'on lui fît une fricassée de grenouilles qui étaient ainsi tombées ; c'est du curé du village qu'il tenait cette anecdote.

Bientôt cependant vint une époque où les littérateurs décidèrent de ce qu'on devait croire en histoire naturelle. Ils firent, par exemple, de leur pleine puissance disparaître du sein des roches les coquilles fossiles ; celles qu'on trouvait sur le sommet des montagnes s'étaient détachées du camail de quelque pèlerin ; les écailles d'huître qui forment toute une assise à la butte Montmartre provenaient des balayures de quelque cabaret où nos aïeux allaient déjeuner. Qui se fut avisé alors de parler de pluies de grenouilles eût été sifflé à toute outrance, et l'on aurait été témoin du phénomène qu'on se serait bien gardé d'en parler [6]. Cependant il se trouvait encore de loin en loin quelque personne qui, moins sensible au ridicule, plus éloignée de ce centre de sapience, osait dire ce qu'elle avait vu, l'imprimer même dans un journal de province. Un de ces récits a été analysé par Sigaud Lafond, qui n'indique pas le recueil où il l'a pris.

« En 1777, il tomba, dit-il, dans le village de Troly, généralité de Soissons, pendant un orage, une pluie chaude et forte accompagnée de crapauds. Il en tomba, dit-on, sur deux femmes qui étaient en route, dans les paniers que portaient les chevaux sur lesquels elles étaient montées, et il y en eut en si grande quantité, qu'elles furent obligées de mettre pied à terre. Quelques physiciens, ajoute Sigaud, conjecturèrent que les grenouilles et les crapauds déposant leur frai dans des eaux marécageuses, ce frai avait pu être enlevé avec les vapeurs que la terre exhale, et qu'ayant resté assez de temps exposé à la chaleur des rayons du soleil, il en est éclos les animaux dont nous venons de parler [7]. »

Ceux qui proposaient cette conjecture n'avaient, à coup sûr, jamais étudié le phénomène de l'évaporation et ne méritaient guères le nom de physiciens. Quoi qu'il en soit, un fait reste pour ce qu'il est, quelle que soit l'explication dont on veuille l'accompagner, et celui dont nous parlons était remarquable en ce qu'il était à l'abri des causes d'erreurs invoquées par les critiques ; car ce n'était pas, à coup sûr, des fentes de la terre que sortaient les petits crapauds qui remplirent les paniers placés sur le dos des chevaux.

Les pluies de froment, de graines légumineuses et d'insectes mentionnées d'une manière générale dans le passage que j*ai cité d'Olaus Magnus ont été observées depuis à diverses reprises, et on en a des récits très circonstanciés. Pour le froment, l'historien de Thou rapporte qu'il en tomba, en 1548, aux environs de Villach en Carinthie. « On assure, dit-il, qu'on en fit même du pain qui fut présenté à l'empereur Charles V ; ce qui est certain, c'est qu'on lui porta quelques-uns de ces grains tombés des nues. »

Bien des années après on crut voir le même fait se reproduire et dans les mêmes lieux ; le 1er mars 1691, pendant un orage très violent, il tomba, au milieu de la pluie et de la grêle, une si grande quantité de grains que chacun put en recueillir considérablement. Marc Gerberius, médecin à Laubach, prit des informations à ce sujet, et obtint un grand nombre de témoignages qui ne laissaient matière à aucun doute ; mais s'étant procuré de ces graines, il vit que ce n'était pas réellement du blé, et il supposa que c'était plutôt des pépins d'épine-vinette. L'abbé Nollet, d'après la description donnée par Gerberius et par d'autres personnes, suppose que les corps ainsi recueillis n'étaient pas même des graines, mais les bulbes des racines de la petite chelidoine. Ces bulbes, rampant pour la plupart à la surface du sol, auraient été enlevés par le vent avec la plante déracinée, et la fermeté de leur structure leur aurait permis de résister plus longuement à la destruction.

Les graines légumineuses dont parle l'archevêque d'Upsal, et qui, suivant lui, donnent naissance à une plante à fleur bleue, étaient probablement des graines de lupin. Il n'y a pas trente ans qu'il en tomba en abondance dans une partie de l'Espagne ; un courrier en rapporta en France toute une poignée et en donna à plusieurs personnes de ma connaissance. J'ai déjà eu occasion de rappeler ce fait dans un journal quotidien (*le Temps*, 12 décembre 1834).

Quant aux insectes qui arrivent par l'air (j'entends ceux qui sont dépourvus d'ailes), cela a été vu tant de fois, qu'il est presque inutile d'en citer aucun cas particulier ; ceux qui voudront voir sur ce sujet des observations très bien faites, pourront consulter une lettre adressé à Réaumur par le célèbre entomologiste de Géer. Les sceptiques, à cette occasion, prétendaient aussi que ces vers que l'on trouvait à la surface de la neige étaient sortis de dessous terre ; mais le naturaliste suédois fait remarquer, d'une part, que le sol sous-jacent était gelé à trois pieds de profondeur, et de l'autre, que les mêmes insectes se présentaient sur la croûte glacée de grands lacs, et au milieu tout comme aux bords.

Les pluies de poissons dont parlent Olaus Magnus et Cardan ont été moins souvent observées ; cependant j'aurai tout-à-l'heure à en citer quelques exemples bien authentiques, mais c'est par les pluies de grenouilles que je dois commencer.

Je ferai remarquer en passant que ce n'est pas seulement dans l'ancien monde qu'on a parlé de batraciens tombant du ciel pendant un orage, et que la même croyance a été retrouvée en Amérique ; ainsi, le père Raymon Breton, qui, dans son dictionnaire caraïbe, a souvent donné des renseignements curieux sur divers points d'ethnographie et d'histoire naturelle américaines, remarque à l'occasion du mot *houatibi tibi*, qui signifie grenouille, que « l'on en voit quelquefois tomber de petites avec la pluie. »

Sans m'arrêter davantage à ces citations qu'il ne me serait pas difficile de multiplier, je passerai aux témoignages qui se rapportent à des événements récents. Le premier que je citerai a été observé à trente lieues de Paris, et pourtant, c'est seulement dans un ouvrage anglais, le *Magazine of natural history* qu'on en trouve la relation.

«Lorsque j'étais à Rouen, au mois de septembre 1828, dit M. Loudon, éditeur du recueil que je viens de nommer, j'appris d'une famille anglaise, établie dans les environs de cette ville, que pendant un violent orage accompagné d'un vent furieux, et au milieu d'éclairs qui interrompaient par intervalle une obscurité presque aussi profonde que celle de la nuit, on vit tomber sur la maison, dans les cours et dans le jardin, une multitude innombrable de petites grenouilles ; le toit, les appuis des fenêtres, les allées sablées, en étaient couverts. Ces animaux étaient très petits, mais parfaitement formés ; tous étaient morts. La journée suivante ayant été très chaude, ces grenouilles se desséchèrent, et ne paraissaient après cela que comme de petites pelottes de la grosseur d'une tête d'épingle. (*Magasine of natural history*, tome II p. 103.)

Un fait tout semblable est rapporté dans un des numéros de novembre 1828 du *Belfast chronicle*. « Il y a quelques jours, dit le rédacteur du journal, que deux gentlemen qui s'étaient assis pour causer sur une des bornes de la chaussée aux environs de Bushmills, furent surpris par un orage, et virent tomber de tous côtés une pluie serrée de grenouilles à demi formées. Quelques-uns de ces animaux ont été recueillis, et on peut en voir conservés dans l'esprit devin, chez les deux apothicaires établis à Bushmills. »

Quoique ces deux faits se trouvent consignés dans un recueil assez connu des naturalistes français, il ne paraît pas que nos savants y aient fait attention, et la question des pluies de grenouilles semblât devoir rester encore longtemps dans l'oubli, lorsqu'une communication assez peu importante en elle-même devint une occasion pour que des observations plus concluantes acquissent de la publicité. Le mercredi 15 octobre 1834, on lut à l'Académie des sciences une lettre d'un M. Marmier, qui disait qu'au mois d'août, parcourant une grande route du département de Seine-et-Oise, il avait observé une partie de ce chemin couverte d'une multitude de petits crapauds de la grosseur d'un haricot, quoiqu'un quart d'heure auparavant il n'en eût vu aucun sur ce même point de la route ; il ne doutait point qu'ils ne fussent tombés du ciel avec une forte pluie qui était survenue dans l'intervalle.

M. Duméril fit remarquer à cette occasion que rien ne prouvait que ces crapauds fussent tombés d'en haut, et qu'il était au contraire infiniment probable qu'ils étaient sortis des crevasses de la terre pour venir chercher l'humidité à la surface. Il ajouta que presque toutes les histoires de pluies de crapauds ne reposent pas sur des fondements plus solides, et que tous ces faits si étranges sont maintenant appréciés à leur juste valeur par ceux qui connaissent les habitudes des batraciens.

A la demande de plusieurs membres de l'Académie, M. Dumeril promit de développer ces réflexions dans un rapport sur la lettre de M. Marmier.

Il fit en effet ce rapport dans la séance suivante, et appuyant l'opinion qu'il avait émise de celle de Redi et de quelques autres bons observateurs, il fit voir que dans un grand nombre de cas on avait pu se tromper sur l'origine des petits batraciens qu'on voyait fourmiller à la surface du sol. Il rapporta de plus deux exemples de ces apparitions subites dont il avait été témoin lui-même, une fois en Picardie, dans des marais aux environs d'Amiens, l'autre en Espagne dans des prairies à quelques pas de Marbella. Pour cette dernière, ajouta-t-il, M. Desgenettes pourra peut-être se la rappeler.

Dans son rapport, M. Dumeril soutenait l'opinion qui lui paraissait la mieux fondée, mais il était loin de vouloir la faire prévaloir en dissimulant les faits qui y pouvaient paraître contraires ; aussi donna-t-il, immédiatement après, communication d'une lettre qui lui avait été adressée à ce sujet par une dame de ses clientes, quoiqu'elle semblât fournir un très fort argument contre les conclusions qu'il avait prises.

« En septembre 1804, dit cette dame, je chassais avec mon mari dans le parc du château d'Oignois (près de Sentis), que nous habitions ; il était environ midi lorsque le tonnerre gronda fortement, et tout à coup le jour fut obscurci par un énorme nuage noir. Nous nous acheminâmes de suite vers le château, dont nous étions encore assez éloignés ; un coup de tonnerre d'une force extraordinaire rompit le nuage qui versa sur nous un torrent de crapauds mêlés d'un peu de pluie. Cette pluie me parut durer fort longtemps ; cependant, en y réfléchissant depuis, je suis à peu près certaine qu'elle a continué moins d'un quart d'heure. » La première communication avait suffi pour rompre la glace et les renseignements sur les pluies de grenouilles allaient arriver de toutes parts. Déjà, dans cette même séance, on avait entendu le récit d'un fait semblable. La dame dont nous venons de parler n'avait pas cru devoir se nommer ; mais l'autre observateur était un savant bien connu, et dont le témoignage ne pouvait sous aucun rapport être suspect.

Voici ce qu'écrivait M. Peltier :

« A l'appui de la communication faite dans la précédente séance par M. le colonel Marmier, je citerai un fait dont j'ai été témoin dans ma jeunesse. Un orage s'avançait sur la petite ville de Ham, du département de la Somme, que j'habitais alors, et j'en observais la marche menaçante, lorsque tout à coup la pluie tomba par torrents. Je vis aussitôt la place de la ville couverte de petits crapauds. Etonné de leur apparition, je tendis la main, et je reçus le choc de plusieurs de ces animaux. La cour de la maison était également remplie. Je les voyais tomber sur un toit d'ardoise et rebondir sur le pavé. Tous s'enfuirent par les ruisseaux qui s'étaient formés et furent entraînés au dehors de la ville. Une demi-heure après la place en était débarrassée, sauf quelques traînards qui paraissaient froissés de leur chute. Quelle que soit la difficulté d'expliquer le transport de ces reptiles, je n'en dois pas moins affirmer le fait qui a laissé des traces profondes dans ma mémoire par la surprise qu'il me causa. »

Dans la séance du 27 octobre, il n'y eut pas moins de quatre communications sur le même sujet : voici à peu près ce qu'elles contenaient.

« J'étais, dit M. Huard, à Jouy, au mois de juin 1833, et je me rendais à l'église pour assister au baptême d'un enfant nouveau-né, accompagné du parrain, de la marraine et de la nourrice. Un orage nous surprit, et je vis tomber du ciel des crapauds ; j'en reçus sur mon parapluie ; le sol était couvert d'une quantité prodigieuse de crapauds fort petits qui sautillaient, et je les vis aussi sur un espace de plus de deux cents toises qui me restaient à parcourir, et pendant environ dix minutes. Les gouttes d'eau qui tombaient en même temps n'étaient guère plus nombreuses que les crapauds. »

La seconde lettre était de M. Zichel, qui rapportait qu'étant en 1808 sous-lieutenant au 10e régiment de chasseurs, et commandant un piquet de vingt-cinq chevaux sous les murs de Burgos, il vit tomber, à travers les branches dont il s'était formé une sorte de petit toit, une quantité innombrables de petits crapauds.

Dans la troisième lettre. M. L. Gayet, actuellement employé au ministère du commerce (cabinet du ministre), racontait le fait suivant : « Dans l'été de 1794, je faisais partie, dit-il, d'une grand'garde de cent cinquante hommes fournie par le 5e bataillon du Nord, cantonné à cette époque dans le village de Lalain, département du Nord, près l'abbaye de Flines aux environs du territoire que les Autrichiens avaient inondé pour défendre la ville de Valenciennes, assiégée par les Français. Il faisait très chaud, et durant la matinée, les rayons du soleil avaient fait élever sur les lieux inondés des vapeurs épaisses qui montaient en forme de colonne ; tout à coup vers les trois heures de l'après-midi, il tomba une pluie si abondante, que les cent cinquante hommes de la grand'garde furent obligés, afin de n'être pas submergés, de sortir d'un grand creux où ils s'étaient abrités ; mais quelle fut leur surprise lorsqu'ils virent tomber sur le terrain d'alentour un nombre considérable de crapauds de la grosseur d'une noisette ! Ne pouvant croire qu'ils tombassent avec la pluie, j'étendis à hauteur d'homme mon mouchoir dont je fis maintenir les deux bouts opposés par un de mes camarades ; j'y reçus en peu de temps un nombre assez considérable de crapauds dont plusieurs étaient encore à l'état de têtards.

Durant cette pluie, qui dura une demi-heure, les cent cinquante hommes de la grand'garde sentirent distinctement les chocs multipliés de ces petits crapauds, et plusieurs soldats après l'orage en trouvèrent qui étaient restés dans les replis de leurs chapeaux à cornes. »

La quatrième lettre n'est pas moins concluante.

« L'un des derniers dimanches d'août 1804, après plusieurs

semaines de sécheresse et de chaleur, et, à la suite d'une matinée étouffante, un orage éclata vers trois heures de l'après-midi sur le village de Frémar, à quatre lieues d'Amiens. Je me trouvais alors, dit l'auteur de cette lettre (M. Duparcque), avec le curé de la paroisse ; en traversant le clos peu étendu qui sépare l'église du presbytère, nous fûmes inondés ; mais ce qui me surprit, ce fut de recevoir sur ma figure et sur mes vêtements de petites grenouilles. « Il pleut des crapauds, me dit le vénérable curé qui remarqua mon étonnement, mais ce n'est pas la première fois que je vois cela. » Un grand nombre de ces petits animaux sautaient sur le sol. En arrivant au presbytère, nous trouvâmes le plancher d'une des chambres qui était tout couvert d'eau, la fenêtre du côté d'où venait l'orage étant restée ouverte ; le plancher était formé de briques étroitement scellée entre elles, ainsi les animaux n'avaient pu sortir de dessous terre ; l'appui de la croisée était élevé de deux pieds et demi environ au-dessus du sol, ainsi ils n'avaient pu pénétrer du dehors en sautant. D'ailleurs la chambre était séparée de la pièce d'entrée par une grande salle à manger ayant deux croisées ouvertes, mais dans une direction telle que la pluie n'avait pu y pénétrer ; aussi n'y trouvait-on ni eau ni grenouilles. je dis grenouilles, car, à la couleur verte du dos, à la blancheur du ventre et à l'allongement du train de derrière, il était aisé de les reconnaître pour telles. »

Dans la séance du 26 novembre, on eut sur le même sujet une communication de M. Berthier, étudiant en médecine, élève interne à l'hôpital Saint-Louis.

«Vers la fin du mois d'avril 1830, je chassais, dit-il, près de Marrat, village peu distant d'Avallon, département de l'Yonne. Une pluie qui survint pendant une chaleur étouffante m'obligea de me réfugier dans une hutte de pâtres. Après une première ondée de cinq à six minutes, je me disposais à me remettre en route, lorsque, levant la tête pour regarder la direction des nuages, je reçus sur le visage cinq à six petits corps qui me semblèrent des gouttes de pluie ; mais en regardant autour de moi, je vis qu'avec la pluie il tombait de petits crapauds, dont quelques-uns étaient gros comme une forte noisette ; mon chien, qui jusque-là s'était tenu en avant, vint, en apparence fort effrayé, se blottir entre mes jambes, en faisant entendre des cris plaintifs. Quelques minutes après, la pluie augmenta avec violence ; et lorsque je quittai mon abri, où j'avais été obligé de revenir, l'eau qui ravinait la pente où je me trouvais avait entraîné une grande partie de ces batraciens. Cependant, sur tout l'espace que je traversai pendant près d'un quart d'heure de marche, la terre en était couverte d'une quantité considérable. »

Parmi les communications faites à l'Académie, il en arriva une qui se rapportait à une pluie de poissons ; mais avant d'en parler, je dois dire que j'ai reçu encore, et de plusieurs témoins oculaires, d'autres renseignements plus ou moins concluants, relativement aux pluies de grenouilles.

En 1821, dans un village situé à quatre lieues de Stenay, département de la Meuse, un orage violent ayant éclaté pendant la nuit, on trouva le matin tant de grenouilles et de crapauds dans la rue, qu'on ne pouvait faire un pas sans en écraser plusieurs. On apprit avec surprise que les villages des environs n'avaient eu ni pluies, ni crapauds, mais on sut aussi qu'un château situé à un quart de lieue avait eu ses fossés et ses mares desséchés complètement par un tourbillon ; or, comme ces fossés et ces mares étaient peuplés auparavant d'une multitude innombrable de grenouilles et de crapauds, on resta convaincu qu'ils avaient été enlevés de ces lieux par la trombe, laquelle les avait ensuite laissés retomber sur le village dont nous parlons.

La conjecture est assez bien fondée ; toutefois la chose serait plus sûre si on avait vu tomber les crapauds ; l'observation suivante, au contraire, est tout-à-fait exempte d'hypothèses. Au mois d'août 1832, M. N. Desvergiers, marchant sur un chemin poudreux sur la grande route de Trieste à Vienne, vit, ainsi que son compagnon de voyage, tomber sur la poussière de larges gouttes de pluie, et tous deux, à leur grande surprise, reconnurent qu'au centre de beaucoup de ces gouttes étaient de petits crapauds, dont quelques-uns semblaient tout froissés de leur chute, tandis que d'autres étaient fort alertes et s'empressaient de gagner, en sautillant, les fossés dont la route est bordée.

Au bout de quelques minutes, ces gouttes d'eau cessèrent, et elles ne furent pas suffisantes pour pénétrer la couche de poussière, qui était fort épaisse.

M. Desvergiers avait auparavant entendu parler de pluies de crapauds, mais jusque-là il regardait ces récits comme mensongers.

Pour terminer cet article, qui est peut-être déjà beaucoup trop long, il ne me reste qu'à rapporter quelques faits relatifs aux pluies de poissons. Le premier a été communiqué à l'Académie dans la séance du 5 novembre. L'observateur est M. Vital Masson, curé de Belligné, canton de Varade, département de la Loire-Inférieure.

« Dans l'été de 1820, dit M. Masson, j'étais maître d'étude au petit séminaire de Nantes, et je passais avec les élèves les jours de congé dans une maison de campagne située à un quart de lieue de la ville. Un jour, pendant que j'étais à cette campagne, il survint un orage ; lorsque la pluie eut cessé, je fis une promenade, accompagné de cinq ou six élèves de quinze à seize ans. Quelle fut notre surprise de voir tout à coup une quantité prodigieuse de petits poissons de neuf à douze lignes de longueur qui sautillaient sur l'herbe mouillée, et cela dans un chemin long de quatre cents pas ! »

Le second fait est consigné dans un des derniers numéros du *Journal asiatique de Calcutta*. La pluie de poissons eut lieu le 17 mai 1834, dans le voisinage d'Allahabad, ville située au confluent du Gange et de la Jumna. On en a le récit officiel par les *zemindars* (seigneurs) du village, récit pleinement confirmé par le témoignage d'une foule d'autres habitants.

« Vers midi, disent-ils, le vent soufflant de l'ouest et le ciel étant chargé de (quelques nuages, il vint tout à coup un violent coup de vent accompagné de beaucoup de poussière, et on vit, pendant quelques instants, tous les objets comme à travers un voile jaunâtre. Ce souffle paraissait ne se faire sentir que sur une largeur de quatre cents yards environ ; mais il était très violent, enlevant les toits des maisons et arrachant les arbres qui se trouvaient dans sa direction. Quand la bourrasque eut passé, on trouva, sur un terrain situé au sud du village et dans un espace de deux arpents, une quantité de poissons disséminés çà et là (au moins trois à quatre mille). Ils appartenaient tous à la même espèce, le *chalwa* (clupea cultrata). Leur longueur était d'environ un empan, et leur poids d'une livre. Ils étaient, quand on les trouva, tous morts et secs à la superficie. L'étang le plus voisin se trouve à environ une demi-mille au sud du village ; la Jumna est à trois milles dans la même direction, le Gange à quatorze milles vers le nord. »

M. T. Brown, à qui nous devons une nouvelle édition de l'excellent ouvrage de White (*natural History of Selborne*), rapporte dans une des notes qu'il a jointes au texte original qu'il y a douze ans environ, il tomba dans le Kinross-Shire une pluie de petits harengs. Plusieurs personnes de ma connaissance, dit-il, recueillirent un grand nombre de ces poissons dans les champs situés autour de Loch-Leven.

On doit peut-être aussi rattacher aux pluies de poissons le fait mentionné par Ellis dans ses recherches sur la Polynésie. Après avoir parlé des poissons de mer et des poissons d'eau douce, qui offrent un aliment aux Otahitiens ou aux habitants des îles voisines, il ajoute ; « Il me reste à parler d'un phénomène que les naturels ne savent trop comment expliquer. Dans des creux de rochers et dans d'autres places où se rassemble l'eau tombée du ciel, mais où celle de la mer et des rivières ne saurait, à ce qu'ils assurent, trouver accès, on rencontre quelquefois des poissons petits, mais bien formés. J'ai entendu souvent les gens exprimer leur surprise de trouver des poissons en pareil lieu et sans qu'on pût dire comment ces animaux y étaient venus. Ils les nomment *topatana*, ce qui signifie goutte de pluie, supposant qu'ils doivent être tombés des nues avec la pluie. »

S'il est vrai que ces poissons se trouvent dans des creux de rochers, on ne voit guère comment on pourrait se rendre compte de leur présence autrement que ne le font les naturels. Si on les rencontrait seulement dans des mares, il y aurait une explication plus naturelle du fait, puisqu'il est reconnu que dans les pays chauds certaines espèces de poissons, qui habitent des marais desséchés pendant une partie de l'année, s'enfoncent dans la vase lorsque l'eau disparaît, et passent leur été, comme nos grenouilles leur hiver, ensevelies dans une terre humide. Sur les côtes de France même, on voit quelque chose de semblable ; le lançon, lorsque la mer se retire, s'enterre dans le sable, et pendant la basse-mer, il est quelquefois à plusieurs pieds au-dessus du niveau de l'eau.

Comme dernier exemple d'une pluie d'êtres organisés, je crois pouvoir citer un fait rapporté par Dobrizhoffer dans son histoire des Abipones, tome II, page 384. « Une fois, dit-il, après un violent orage qui avait éclaté sur le village du Rosaire (Paraguay), les places et les rues furent couvertes d'une multitude innombrable de sangsues ; comme c'était un phénomène dont nous n'avions jamais ouï parler, ce fut pour nous un sujet d'étonnement et de divertissement ; nos Abipones, au contraire, n'y trouvaient pas matière à rire, car comme il marchent toujours sans chaussure, ces sangsues s'attachaient à leur jambes et les piquaient cruellement. Au reste, leur tourment ne fut pas de longue durée, car, en moins d'une heure, toutes les sangsues avaient disparu, s'étant retirées, suivant toute apparence, dans les marais du voisinage. »

Parmi les diverses espèces dont se compose le genre sangsue, il en est qui vont assez fréquemment à terre poursuivre les lombrics, et on pourrait supposer que celles qui se montrèrent tout à coup dans les places et les rues du Rosaire étaient sorties spontanément des marais voisins. Cependant on ne voit pas ce qui eût pu déterminer cette émigration en masse qui était un sujet d'étonnement pour les missionnaires établis depuis quatre ans dans le pays, et paraît même l'avoir été pour les Indigènes. Il y a donc lieu de penser qu'elles avaient été transportées par une trombe qui éclata sur le village.

A Ceylan et dans les îles voisines, on trouve une petite sangsue qui, dans la saison des pluies, vit au milieu des herbes, et devient très incommode aux voyageurs qui cheminent les jambes nues. Mais rien de semblable ne se voit au Paraguay.

Notes

1. Le mot physale vient du verbe physao qui veut dire souffler, se tendre d'air, se gonfler en retenant son haleine ; le verbe latin buffare avait les mêmes significations, et il les a toutes conservées en passant dans la langue espagnole. Il parait que ce verbe devint promptement hors d'usage, et on ne le trouve point chez les écrivains du bon temps de la littérature latine ; mais ils emploient encore son dérivé buffa, qui signifie un coup de main sur la joue gonflée. Les acteurs qui dans les farces antiques remplissaient un rôle analogue à celui du paillasse dans nos parades modernes, c'est-à-dire qui excitaient les risées du peuple par les coups qu'ils recevaient à tout propos, avaient reçu le nom de buffones (bouffons), parce que, comme l'a remarqué Saumaise dans son commentaire sur un livre de Tertullien, ils se gonflaient les joues, afin que les soufflets retentissent mieux ; j'ajouterai que

le mot soufflet, qui répond au buffa des Latins, au bofeton des Espagnols, a une origine analogue.

Le nom français du crapaud me paraît dériver, et par une même suite d'idées, du verbe crepo. Ce verbe qui répond bien à notre mot crever, c'est-à-dire rompre avec bruit par suite d'une distension intérieure, a dû, dans l'origine, se rapporter à la cause, non à l'effet, et exprimer ainsi l'action de se gonfler d'air. C'est du moins ce que semble indiquer le mot crepida, nom donné d'abord au soufflet à attiser le feu, et qui plus tard, par un caprice de la mode, fut appliqué à une nouvelle forme de pantoufles. Tout le monde sentira comment on a pu être conduit à donner à un batracien un nom qui signifie se gonfler jusqu'à rompre. Personne n'a oublié la grenouille qui, à la vue d'un bœuf,

Envieuse, s'étend, et s'enfle, et se travaille,
Pour égaler l'animal en grosseur.

Et l'on se rappelle aussi que
……….. La chétive pécore
S'enfla si bien qu'elle creva.

2. Il n'est pas rare d'entendre des gens du peuple dire à un quelqu'un qu'ils taxent d'étourderie : « Tu n'as pas plus de sens qu'une rainette n'a de poils. » Ce même dicton se trouve aussi parmi les Allemands.

3. Les anciens paraissent avoir observé avec beaucoup plus d'attention que nous le chant des grenouilles, et ils avaient des mots pour exprimer ses modifications relativement aux espèces, aux sexes et aux saisons ; ainsi, chez les Romains, nous trouvons les verbes suivans ; coaxare, croasser ; brexare, qui rappelle le brekekekex de J. B. Rousseau ; gracidare qui paraît s'appliquer plus particulièrement à la rainette, et d'où est venu le mot graicet ou gresset, sous lequel cette espèce est encore connue en Bretagne. Ils avaient aussi emprunté aux Grecs le mot ololygo, qui désigne le chant propre à la saison des amours.

Un homme, pour qui le chant des grenouilles avait des charmes, en a introduit, dans le siècle passé, une espèce en Irlande ; jusque-là il n'existait dans cette île aucun batracien anoure, et le peuple croit encore aujourd'hui que les crapauds n'y sauraient vivre. M. Macartuey, que j'aurai plus tard occasion de citer, a pris la peine d'en transporter là, afin de prouver que l'opinion populaire était sans fondements.

La rainette ne se trouve point en Angleterre, et l'on a cru longtemps qu'il n'y avait qu'une seule de nos espèces de grenouilles ; M. Don en a découvert récemment une seconde dans le voisinage des lacs du Forfarshire.

4. Il paraît qu'au Brésil, dans la province de Rio-Negro, on trouve des crapauds dont le venin n'est pas moins actif. Voici, en effet, ce que dit à ce sujet un voyageur très véridique, qui en 1828 traversa cette province, en se rendant de Lima au Para ; « A Egas, village situé sur l'Amazone, un peu au-dessous de l'embouchure du Japura, on trouve en très grande abondance des crapauds ou grenouilles qu'on regarde comme extrêmement venimeux. Certains Indiens étrangers qui avaient l'habitude de manger des grenouilles, étant arrivés à Egas par la rivière de Teffe, voulurent faire un repas de batraciens qu'ils trouvèrent aux environs de ce village ; ils furent tous empoisonnés, et la plupart moururent. » (Maw, Passage de la Mer Pacifique à l'Atlantique, en traversant les Andes et descendant l'Amazone. Londres, 1829, p. 277.)

5. Cette peau est très résistante en raison de l'abondance des carbonates de chaux et de magnésie, et du phosphate de chaux, qui sont déposés dans le derme et le rendent presque pierreux.

6. On n'eût pas été mieux reçu à parler des pluies de pierres, et plusieurs années même après le travail de Levoisier, les récits les plus authentiques de ces sortes d'événements étaient accueillis avec un profond mépris par des hommes qui s'étaient constitués juges dans toutes les questions scientifiques. Voici comment un d'eux s'exprime à l'occasion de la chute d'aérolithes observée à Barbotan et aussi bien attestée que puisse l'être un fait : « Combien ceux de nos lecteurs qui s'occupent de physique et de météorologie ne gémiront-ils pas aujourd'hui en voyant une municipalité entière consacrer par un procès-verbal en bonne forme des bruits populaires qui ne peuvent qu'exciter la pitié, nous ne dirons pas seulement des physiciens, mais de tous les hommes raisonnables ! »

7. Une opinion qui à quelques égards se rapproche de

celle-ci, et qui participe également des idées d'Olaus Magnus et de Paracelse, est celle que soutient le chanoine Gaffarel dans un ouvrage singulier, publié en 1626, sous le titre de Curiosités inouïes.

Après avoir cité plusieurs cas de palingénésie, et entre autres l'histoire bien connue du médecin polonais qui, en exposant à la flamme d'une bougie un bocal contenant des cendres de rosier, y faisait naître une rose aussi fraîche que si on venait de la cueillir, le chanoine arrive à cette conclusion que longtemps après leur désagrégation les particules constituantes d'un corps, même organisé, conservent de la tendance à reprendre leur dernier arrangement, et ainsi peuvent, si les circonstances sont favorables, donner de nouveau naissance à ce corps. Il ajoute : « C'est par aventure la raison qu'il pleut souvent des grenouilles, car le soleil eslevant des vapeurs de quelque marescage, où les grenouilles, après six mois, disent les naturalistes, se changent en limon ; il se peut faire que ces vapeurs qui en proviennent, échangées en nuées espaisses, peuvent exciter par la chaleur du soleil les formes des grenouilles, lesquelles, rencontrant les qualités propres à la génération, sont vivifiées et rendues vivantes. »

Notes

ISBN : 978-1977922885

www.ingramcontent.com/pod-product-compliance
Lightning Source LLC
Chambersburg PA
CBHW071216240526
45470CB00018B/2056